Zaid Elia

Avaliação dos parâmetros imunológicos em doentes com doença celíaca

Zaid Elia

Avaliação dos parâmetros imunológicos em doentes com doença celíaca

ScienciaScripts

Imprint
Any brand names and product names mentioned in this book are subject to trademark, brand or patent protection and are trademarks or registered trademarks of their respective holders. The use of brand names, product names, common names, trade names, product descriptions etc. even without a particular marking in this work is in no way to be construed to mean that such names may be regarded as unrestricted in respect of trademark and brand protection legislation and could thus be used by anyone.

Cover image: www.ingimage.com

This book is a translation from the original published under ISBN 978-620-2-01469-4.

Publisher:
Sciencia Scripts
is a trademark of
Dodo Books Indian Ocean Ltd. and OmniScriptum S.R.L publishing group

120 High Road, East Finchley, London, N2 9ED, United Kingdom
Str. Armeneasca 28/1, office 1, Chisinau MD-2012, Republic of Moldova, Europe
Printed at: see last page
ISBN: 978-620-7-69506-5

Lista de conteúdos

Dedication

To my generous and darling parents, for their love,

Supporting and patience with me

My lovely brothers (Saa'd & Wissam)

And everyone who I seek their fulfillment

ZAID

<u>**Agradecimentos**</u>

Em primeiro lugar, um grande agradecimento ao Todo-Poderoso, ao Misericordiosíssimo ALLAH, por me ter permitido realizar este trabalho.

*Gostaria de exprimir o meu agradecimento e total apreço ao meu supervisor, **Dr. Saeed G. Hussean**, que não esquecerei a sua amabilidade, orientação e apoio ao longo da investigação. Aprecio muito a sua amabilidade e encontro sempre uma porta aberta, uma elevada supervisão científica e uma paciência infinita no acompanhamento da investigação. A minha maior honra é agradecer ao Reitor da Faculdade de Medicina, **Dr. Ali A. AL-Dabbagh. Dr. Nabeel E. Waheda** pela sua bondade e apoio ilimitado. Os meus sinceros agradecimentos e cumprimentos à Sra. **Sura Yousif** pela sua preciosa ajuda durante a recolha de amostras.*

*Tenho de agradecer a todos os membros da equipa do Departamento de Microbiologia Médica da Hawler Medical University pela sua assistência e encorajamento contínuos, especialmente ao **Dr. Hadi. M. Ahmed**, chefe do Departamento de Microbiologia Médica.*

*Tenho de agradecer a todos os membros do pessoal do Departamento de Tecnologia de Laboratórios Médicos da Fundação de Educação Técnica pela sua assistência e encorajamento contínuos, especialmente ao **Dr. Kawther Aziz**, diretor da fundação. Um agradecimento especial ao **Dr. Issam Y. Mansoor**, ao Dr. **Gouran G. Othman** e ao **Dr. Nammer Al-Taweel** pelo seu encorajamento contínuo.*

*Um agradecimento especial ao pessoal do **Laboratório Zanko** pela sua preciosa ajuda durante a recolha de amostras. Finalmente, a quem me esqueci de mencionar os seus nomes, dedico os meus agradecimentos e gratidão.*

Resumo

A doença celíaca (DC) é uma síndrome de má absorção imunomediada que ocorre em indivíduos geneticamente susceptíveis e intolerantes ao glúten alimentar. Embora seja considerada uma doença gastrointestinal primária, sabe-se agora que a DC tem manifestações sistémicas generalizadas.

Assim, tentámos definir a natureza e o papel de algumas citocinas sistémicas que possivelmente desempenham um papel na fisiopatologia da doença.

O estudo foi realizado durante o período de fevereiro de 2012 a outubro de 2012. Os soros foram colhidos dos doentes com suspeita de DC por motivos clínicos (recém-diagnosticados) e, em seguida, submetidos a testes serológicos, nomeadamente antitransglutaminase tecidular IgA, IgG (tTG I.U/ml.) & IgA, IgG - anticorpo endomisial (EMA I.U/ml.).

Os soros positivos para autoanticorpos anti-TTG IgA e IgA EMA acima do nível de corte foram então submetidos à avaliação de citocinas, nomeadamente o nível sérico de interferão gama (IFN-γ I.U/ml.) e interleucina-10 (IL - 10 pg/ml.); e ainda testar a frequência de anticorpos IgG anti-rotavírus e IgG anti-ácido glutâmico descarboxilase (anti - GAD IgG I.U/ml.).

Os grupos de participantes incluíam 50 recém-diagnosticados (ND) com DC, 20 doentes em dieta sem glúten (GFD) e 20 controlos aparentemente saudáveis sem DC (estes grupos foram sujeitos aos parâmetros acima referidos).

Os resultados do presente estudo entre os casos recentemente diagnosticados revelam seropositividade anti-tTG IgA e IgA - EMA em 50 doentes (15,1 %) do total de 330 soros examinados; com seronegatividade anti-tTG IgG e IgG -EMA (abaixo do cut-off) em todos os soros testados. A distribuição percentual mais elevada da seropositividade anti-tTG IgA e IgA -EMA verificou-se na concentração sérica de 20-29 U.I./ml (36% e 34%, respetivamente).

Foi observada uma diminuição significativa (P□ 0,01) na concentração média de IgA anti-tTG e IgA- EMA entre a DC recém-diagnosticada e os pacientes em GFD. A concentração média da citocina IFN-γ (I.U/ml.) e IL -10 (Pg/ml.) foi significativamente maior (P □ 0,01) entre os recém-diagnosticados e os pacientes em GFD quando comparados com o controle de saúde.

A concentração sérica de IFN-γ (I.U/ml.) e IL-10 (Pg/ml.) de acordo com o modo de apresentação clínica e a duração da doença não revelou diferenças significativas (P> 0,05), exceto para IL - 10 (≤ 3 anos e> 3 anos em GFD) P □ 0,05.

A frequência de IgG anti-GAD (I.U/ml.) entre os doentes recém-diagnosticados com DC e doentes em GFD como futuro marcador de risco para o desenvolvimento de DMT1 foi de 14% e 10%, respetivamente.

A seroprevalência de IgG anti-rotavírus (I.U/ml.) foi de 22% e 10% entre os doentes recém-diagnosticados com DC e os doentes em dieta gastrointestinal. Como o rotavírus pode ser incriminado na etiologia da DC devido ao mimetismo antigénico.

Em doentes com DC recentemente diagnosticados, existe uma correlação entre IgA anti-TTG e IL-10 (P = 0,025), uma vez que a IL-10 tem um efeito imunoestimulador nas células B.

<table>
<tr><th colspan="2" align="center">LIST OF ABREVIATIONS</th></tr>
<tr><td>AAA</td><td>Anti - Actin Antibody.</td></tr>
<tr><td>Ad12</td><td>Adenovirus type12.</td></tr>
<tr><td>AEA</td><td>Anti - Endomysial Antibody.</td></tr>
<tr><td>AGA</td><td>Anti - Gliadin Antibody.</td></tr>
<tr><td>AMA</td><td>Anti - Mitochondrial Antibody.</td></tr>
<tr><td>APCs</td><td>Antigen presenting cells.</td></tr>
<tr><td>ARA</td><td>Anti - Reticulin Antibody.</td></tr>
<tr><td>ASMA</td><td>Anti - Smooth Muscle Antibody.</td></tr>
<tr><td>ATG</td><td>Anti - Thyroglobulin Antibody.</td></tr>
<tr><td>BMI</td><td>Body Mass Index.</td></tr>
<tr><td>CD</td><td>Celiac disease.</td></tr>
<tr><td>CD4</td><td>Cluster of Differentiation for helper T – lymphocytes.</td></tr>
<tr><td>CD8</td><td>Cluster of Differentiation for cytotoxic T-lymphocytes</td></tr>
<tr><td>CD25</td><td>IL- 2 Receptor-α.</td></tr>
<tr><td>CD83</td><td>Expressed on dendritic lineage cells including Langerhan's cells.</td></tr>
<tr><td>CD94</td><td>Ca++ dependent of C-type lectin of N.K.</td></tr>
<tr><td>CRT</td><td>Calreticulin Antibody.</td></tr>
<tr><td>DCs</td><td>Dendritic Cells.</td></tr>
<tr><td>ds- DNA</td><td>Double-Stranded DNA.</td></tr>
<tr><td>ELISA</td><td>Enzyme Immunosorbant assay.</td></tr>
<tr><td>EMA</td><td>Endomysial Antibody.</td></tr>
<tr><td>ENA</td><td>Extractable Nuclear Antigen.</td></tr>
<tr><td>ESPGHAN</td><td>European Society for Pediatric Gastroenterology, Hepatology & Nutrition .</td></tr>
<tr><td>GABA</td><td>g-amino butyric acid.</td></tr>
<tr><td>GAD</td><td>Glutamic Acid Decarboxylase.</td></tr>
<tr><td>GCD</td><td>gluten-containing diet.</td></tr>
<tr><td>GFD</td><td>Gluten Free Diet.</td></tr>
<tr><td>GI</td><td>Gastrointestinal.</td></tr>
<tr><td>HBV</td><td>Hepatitis B virus.</td></tr>
<tr><td>HCV</td><td>Hepatitis C virus.</td></tr>
<tr><td>HLA</td><td>Human Leukocyte Antigen.</td></tr>
<tr><td>HSP60</td><td>Heat Shock Protein 60.</td></tr>
<tr><td>IA-2</td><td>Tyrosin Phosphate Like Protein IA-2.</td></tr>
<tr><td>ICAM</td><td>Inter Cellular Adhesion Molecule.</td></tr>
</table>

ICAs	Islet Cell Antibodies.
IECs	Intestinal Epithelial Cells.
IELs	Intraepithelial lymphocytes.
IFN-γ	Interferon-gamma.
IgA	Immunoglobulin type A.
IgG	Immunoglobulin type G.
IL	Interleukin.
MHC	Major Histocompatibility complex.
33 - mer	Metastable peptide.
MIC	MHC class1 chain related genes.
MLN	Mesentric Lymph Node.
ND	Newly Diagnosed.
NK	Natural Killer cells.
NKG2D	Natural Killer cell Receptor.
NOSA	Non Organ- Specific autoantibodies.
pIgR	polymeric Ig receptor.
PPV	Positive Predictive value.
PCA	Gastric Parietal cell Antibody.
PCR	Polymerase chain reaction.
PCs	Plasma Cells.
PP	Pyers Pacthes.
sIL-2R	Soluble Interleukin -2 Receptor.
ss - DNA	Single-Stranded DNA.
TG2	Enzyme Transglutaminase 2.
TGF- β	transforming growth factor −β.
TLR4	Toll-Like Receptor 4.
TMA	Thyroid Microsomal Antibody.
TNF	Tumor Necrosis Factor.
TPO	Thyroid Peroxidase Antibody.
tTG	Tissue Transglutaminase.
VP-7	Viral Protein-7.

Introdução

A doença **celíaca**, uma doença sistémica mediada por autoimunidade que se apresenta geralmente como enteropatia, é provocada em indivíduos geneticamente predispostos pela ingestão de proteínas do trigo, da cevada e do centeio, ou seja, glúten (Lindfors, *et al.*, 2010). Os factores genéticos mais bem caracterizados que contribuem para a predisposição para a doença são as moléculas de antigénio leucocitário humano (HLA) DQ2 e DQ8. Aproximadamente 95% dos doentes são portadores dos alelos que codificam a molécula DQ-2 e a maioria dos restantes é portadora da molécula DQ-8 (Jabri & Sollid, 2009). A hidrólise incompleta do glúten durante a digestão gastrointestinal leva ao aparecimento de um grande repertório de péptidos de gliadina derivados do glúten com uma variedade de características (Shan *et al.*, 2002). Os chamados péptidos tóxicos, dos quais o p31-43 é provavelmente o mais estudado, modulam a biologia da mucosa do intestino delgado através de um mecanismo imunitário inato. Os péptidos imunogénicos da gliadina (como o 33-mer e o p57-68) ganham então acesso ao tecido e, quando acumulados no tecido, os péptidos imunogénicos após desamidação ligam-se à molécula DQ-2 ou DQ-8 nas células apresentadoras de antigénios, apresentando os péptidos às células CD4+ específicas da gliadina na lâmina própria. Estas células são activadas e começam a segregar citocinas pró-inflamatórias como o IFN-γ e a IL-12, cuja produção acentuada contribuiria igualmente para a deterioração da mucosa do intestino delgado (Jabri & Sollid, 2009).

Nos doentes celíacos, a ingestão de glúten leva à inflamação da mucosa do intestino delgado e à atrofia das vilosidades, juntamente com hiperplasia das criptas, bem como ao aparecimento de sintomas clínicos. Uma grande variedade de manifestações extra-intestinais que ocorrem com ou sem enteropatia também foi descrita no contexto da DC. Estas incluem dermatite herpetiforme (doença de pele), osteopenia e osteoporose, problemas neuronais (por exemplo, ataxia de glúten) e várias doenças hepáticas (Briani *et al.*, 2008).

Na doença celíaca, foram identificados todos os elementos cruciais para a autoimunidade: O gatilho ambiental e a força motriz; o glúten alimentar, a suscetibilidade dos genes do complexo principal de histocompatibilidade (MHC) de classe II (DQ2 e DQ8) e o próprio; TG2. Para além dos sintomas clínicos e das lesões típicas da mucosa do intestino delgado, o consumo de glúten evoca a produção de anticorpos dirigidos contra a enzima transglutaminase 2 (TG2) (Dieterich *et al.*, 1997) e os péptidos de gliadina derivados do glúten (Niveloni *etal.*, 2007). O valor dos anticorpos específicos da doença no diagnóstico da DC é plenamente reconhecido e, como os testes são altamente precisos, oferecem um meio conveniente de selecionar os doentes para serem submetidos a uma biopsia diagnóstica do intestino delgado (Volta *et al.*, 2008). A DC é auto-perpetuante, semelhante a outras doenças auto-imunes, se o fator desencadeante específico, o glúten, não for removido. Quando o fator desencadeante é removido, a condição clínica e a lesão da mucosa do intestino delgado recuperam e também a produção de auto-anticorpos anti-TG2 diminui (Maki, 1996). A DC caracteriza-se pelo aumento da proliferação das células epiteliais do intestino delgado e pela diminuição da diferenciação. Foi demonstrado em estudos in vitro que os auto-anticorpos do doente celíaco inibem a diferenciação das células epiteliais intestinais, induzem a proliferação e também aumentam a permeabilidade das células epiteliais intestinais (Barone *et al.*, 2007).

<u>**Objectivos do estudo:**</u>

1.   Definir a concentração sérica de citocinas de IFN-γ e IL-IO de diferentes subgrupos de doentes com doença celíaca (DC) e a sua relação com a idade, o género e a apresentação clínica.

2.   Avaliar o efeito da dieta sem glúten (GFD) na concentração sérica de IFN-γ & IL-1O.

3.   Correlacionar a concentração sérica de citocinas com a concentração sérica de IgA anti - tTG e IgA -EMA.

4.   Definir a frequência de anticorpos IgG anti-Rotavírus em diferentes subgrupos de DC e avaliar a sua relação com a concentração sérica de IFN-γ e IL-1O em subgrupos de DC seropositivos para anticorpos IgG anti-Rotavírus.

5.   Definir a frequência do anticorpo IgG anti -GAD em diferentes subgrupos de DC.

Capítulo I. Revisão da literatura

1.1 Doença celíaca

A doença celíaca (DC) é uma doença inflamatória do intestino delgado causada por uma resposta imunitária inadequada à ingestão de glúten de trigo e de proteínas relacionadas do centeio e da cevada em indivíduos geneticamente susceptíveis, que conduz a inflamação, atrofia das vilosidades e hiperplasia das criptas na parte proximal do intestino delgado. Os sintomas e sinais de apresentação comuns da doença celíaca incluem diarreia, distensão abdominal, dor abdominal, perda de peso, fadiga e desnutrição (Hill & Macmillan, 2006).

1.2 Factos marcantes na história da doença celíaca

Samule Gee foi o primeiro a definir claramente a doença celíaca e a reconhecer o papel da dieta (Jabri, *et al.*, 2005). Em 1888, ele declarou: "A ingestão de alimentos farináceos deve ser pequena, mas se o paciente pode ser curado, deve ser por meio da dieta". Sessenta anos mais tarde, o pediatra holandês Willem Karel Dicke sugeriu um papel direto para o glúten e descreveu as alterações histológicas intestinais na DC (Anderson, 1959). Na década de 1980, foi descrita a evidência de uma associação primária da doença celíaca com moléculas DQ específicas (Louka & Sollid, 2003). Esta observação foi seguida pela identificação de clones de células T CD4+ intestinais que reconhecem os péptidos de gliadina apresentados pelas moléculas DQ2 ou DQ8 (Lundin *et al.*, 1994). Por volta da mesma altura, verificou-se que os doentes celíacos desenvolviam anticorpos contra a gliadina e um componente desconhecido do endomísio. Em 1997, Dieterich e colegas (Dieterich *et al.* 1997), descobriram que os anticorpos anti-endomísio eram de facto dirigidos contra um auto-antigénio, a transglutaminase tecidular (tTG), e que o glúten constituía um excelente substrato para esta enzima. O impacto da TG na resposta das células T CD4+ antigliadina foi demonstrado pela descoberta de que as células T CD4+ intestinais restritas à gliadina reconheciam preferencialmente os péptidos de glúten desamidados pela TG (Molberg *et al.*, 2001). O estabelecimento de uma base molecular para a resposta imunitária adaptativa antigliadina afastou a ideia de que o glúten poderia ter um efeito "tóxico" direto (inato) na mucosa intestinal, em particular nas células epiteliais intestinais (IEC) (Sturgess *et al.*, 1994). Na altura em que a doença celíaca começou a ser estudada, o conceito de imunidade inata não estava desenvolvido. Portanto, as terminologias usadas para definir os efeitos do glúten eram ambíguas. Por outras palavras, inicialmente não foi feita qualquer distinção entre os efeitos imunes inatos e adaptativos do glúten. No entanto, muito cedo na história da doença celíaca, vários investigadores reconheceram os efeitos imediatos do glúten no epitélio e, ainda mais importante, identificaram uma sequência na αgliadina (péptido 31-49 ou 31-43) (Hue *et al.*, 2004). Esta sequência induziu alterações epiteliais na ausência de ativação das células T CD4+. Em contraste com as células T CD4+, os linfócitos T CD8+ intra-epiteliais (IELs) foram durante muito tempo considerados como não desempenhando qualquer papel, ou, na melhor das hipóteses, um papel secundário, na patogénese da doença celíaca. No entanto, as observações de que os IELs podiam sofrer transformação maligna e expressar níveis elevados de grânulos citotóxicos e interferão-gama (IFN-γ) indicavam que os IELs estavam activados (Green & Jabri, 2003). À medida que os mecanismos moleculares subjacentes à morte das células epiteliais pelos LIE foram identificados, o papel dos LIE na patogénese da doença celíaca foi reconhecido (Hue *et al.*, 2004). Paralelamente, surgiu o conceito de que a expressão descontrolada da citocina interleucina-15 (IL-15) desempenhava um papel importante na ativação e transformação maligna dos LIE (Mention *et al.*, 2003).

1.3 <u>Patogénese</u>

Existem dois factores que desempenham um papel importante na patogénese da doença celíaca:

1.3.1 <u>Fator ambiental (desencadeador externo)</u>

O termo glúten refere-se às principais proteínas de armazenamento do trigo e inclui provavelmente mais de 100 moléculas diferentes (Briani *et al.*, 2008). O centeio e a cevada contêm proteínas que são semelhantes ao glúten do trigo e que também podem despoletar a doença (Briani *et al.*, 2008).

As proteínas do glúten foram classificadas em primeiro lugar em duas grandes fracções de solubilidade, as gliadinas (proteínas monoméricas) e as gluteninas (formas poliméricas de prolaminas em que as subunidades proteicas estão ligadas entre si por ligações dissulfureto para formar cadeias de subunidades proteicas com uma distribuição de comprimentos). A fração de glutenina é a principal responsável pela elasticidade da massa de farinha de trigo e pelo próprio glúten. As proteínas da gliadina foram classificadas em seguida em gliadinas α, β, γ e ω; estas classificações são agora reconhecidas como tendo uma base na estrutura primária (sequência) (Jabri *et al.*, 2005). A fração de glutenina é dividida em duas classes principais, as subunidades de glutenina de elevado peso molecular e as subunidades de glutenina de baixo peso molecular (Jabri *et al.*, 2005). Todas as classes de proteínas da gliadina e da glutenina são aparentemente nocivas para os doentes celíacos, com base em estudos in vitro e in vivo das classes parcialmente purificadas (Ciclitria *et al.*, 1984). Devido ao grande número de prolinas nas suas estruturas primárias, que bloqueiam a clivagem das cadeias polipeptídicas pelas enzimas digestivas em posições imediatamente adjacentes aos resíduos de prolina, todas as gliadinas e subunidades de glutenina são susceptíveis de produzir grandes péptidos de digestão lenta ou não digeridos (Jabri *et al.*, 2005).

J[1] Iie as proteínas do glúten são codificadas por pelo menos 100 genes, e este número é provavelmente um mínimo (Jabri *et al.*, 2005). Embora o número exato de sequências tóxicas nas proteínas do glúten não esteja estabelecido, parece provável que existam muitas dessas sequências. A palavra tóxico é uma palavra ambígua que é classicamente usada no campo da doença celíaca. Foram identificadas duas categorias de péptidos de glúten "tóxicos". A primeira categoria inclui peptídeos "imunogénicos" que fazem parte da resposta imune adaptativa (Jabri *et al.*, 2005). Estes péptidos foram identificados principalmente nas α-gliadinas, mas também podem ser encontrados na glutenina e na γ-gliadina. O péptido imunodominante 56-75 da α-gliadina (Arentz-Hansen *et al.*, 2000), englobado no 33-mer descrito por (Shan *et al.* 2002), é o péptido mais estudado nesta categoria. Pensa-se que o péptido α-gliadina de 33 mers desempenha um papel importante na doença celíaca porque não é digerido por enzimas do ambiente intestinal, é um bom substrato para TG e é observado pela maioria das células T CD4+ em doentes adultos HLA-DQ2. Além disso, foi também descrito um péptido imunodominante limitado pelo DQ8 (Vader *et al.*, 2002). A segunda categoria inclui "péptidos inatos" que não são reconhecidos pelas células T CD4+ mas induzem uma resposta do tipo inato no epitélio e nas células apresentadoras de antigénios (APC). O péptido mais estudado desta categoria é o péptido α-gliadina p31-43 (ou p31-49) (Hue *et al.*, 2004). A resposta inata induzida por este péptido é composta pela expressão de IL-15 e de moléculas MHC não clássicas, como MIC e HLA-E (Hue *et al.*, 2004). Que demonstraram desempenhar um papel importante na morte de células epiteliais mediada por IEL (Hue *et al.*, 2004).

1.3.2 <u>Factores do hospedeiro</u>

A capacidade de montar uma resposta imunitária ao glúten depende da apresentação dos péptidos de glúten às células T. Isto requer a desamidação prévia dos resíduos de glutamina do péptido pela transglutaminase tecidular (tTG), uma enzima ubíqua do tecido conjuntivo (Dieterich *et al.*, 1997). Poucas proteínas de histocompatibilidade principal (MHC) de classe II são capazes de apresentar péptidos de glúten, pelo que, dos doentes com doença celíaca, mais de 90% expressam HLA DQ2 e 5-10% expressam HLA DQ8 (Marguerite-Jeannin *et al.*, 2004). Outros factores devem ser necessários para o desenvolvimento da doença celíaca. Estudos recentes de associação em larga escala do genoma identificaram mais de 20 regiões que abrigam genes candidatos (Hunt & van Heel, 2009). A maioria destes genes afecta as funções imunitárias e inclui genes como os das interleucinas 2 e 21, o recetor da interleucina 18 e outros com funções imunitárias inatas. Muitos desses loci são partilhados com outras doenças auto-imunes, incluindo a diabetes tipo I e a doença reumatoide, o que explica uma propensão partilhada (Hunt & van Heel, 2009).

A patogénese da doença celíaca envolve uma interação complexa entre factores ambientais, genéticos e imunológicos. O glúten de trigo e as proteínas relacionadas provocam respostas imunitárias inatas e adaptativas no intestino delgado que conduzem a lesões da mucosa. Os genes que codificam os antigénios leucocitários humanos de classe II HLA-DQ2 e -DQ8 estão intimamente ligados à doença e encontram-se em quase todos os doentes celíacos. Genes não-HLA também desempenham claramente um papel na doença celíaca. A resposta imunológica ao glúten inclui reatividade dos anticorpos às proteínas do glúten e ao auto-antigénio TG2, reatividade das células T CD4+ ao glúten, aumento do número de células T CD8+ intra-epiteliais e níveis elevados de várias citocinas e quimiocinas (Jabri *et al.*, 2005). Alguns péptidos incompletamente digeridos do glúten de trigo e proteínas relacionadas do centeio e da cevada podem atravessar o epitélio e entrar na lâmina própria do intestino delgado em determinadas condições. Especula-se que os factores de stress podem levar a alterações na permeabilidade intestinal que permitem o acesso dos péptidos de glúten à lâmina própria (Alaedini & Green, 2005). Por exemplo, verificou-se que as infecções gastrointestinais aumentam o risco de desencadear a doença celíaca (Stene *et al.*, 2006). A resposta imune inata ao glúten também pode ser um precursor de alterações na mucosa que aumentam a permeabilidade intestinal. Entretanto, os resíduos neutros de glutamina nos péptidos de glúten podem ser convertidos em ácidos glutâmicos carregados negativamente através da desamidação por TG2. As células apresentadoras de antigénio que expressam as moléculas HLA-DQ2 e HLA-DQ8 têm uma maior afinidade por estes péptidos desamidados. A ligação subsequente dos péptidos imunogénicos gerados às moléculas HLA resulta em complexos peptídicos que podem ativar células T CD4+ específicas do glúten do hospedeiro na lâmina própria. (Stene *et al.*, 2006). A ativação destas células T é acompanhada pela produção de uma série de citocinas que, por sua vez, podem promover a inflamação e a lesão das vilosidades do intestino delgado através da libertação de metaloproteinases pelos fibroblastos e pelas células inflamatórias. (Alaedini & Green, 2005) As células T CD4+ específicas do glúten activadas também podem estimular a produção de anticorpos anti-glúten e anti-TG2 pelas células B. Na ausência de células T específicas para o TG2, acredita-se que a resposta de anticorpos anti-TG2 seja impulsionada pela ajuda intermolecular, para células B específicas para o TG2, uma vez que os complexos TG2-glúten são formados (Fleckenstein *et al.*, 2004). Este mecanismo orientado por células T específicas do glúten conduziria a uma resposta imunitária anti-TG2 sem a necessidade de linfócitos T específicos do TG2. Embora o TG2 possa formar complexos com péptidos de glúten, também pode ligar o glúten a proteínas da matriz, retendo assim o glúten no ambiente tecidular e gerando complexos moleculares que podem provocar uma resposta imunitária a antigénios auto adicionais (Alaedini & Green, 2008), é menos claro se os anticorpos da doença celíaca desempenham um papel na patologia da mucosa ou em qualquer uma das manifestações extra-intestinais. Em algumas doenças auto-imunes, os auto-anticorpos podem interferir especificamente com as actividades biológicas de um antigénio específico, enquanto noutras podem causar lesões nos tecidos através da formação de complexos imunes que activam o sistema do complemento. Foi demonstrado que os anticorpos anti-TG2 na doença celíaca podem interferir com a atividade da TG2 e ter um impacto deletério na diferenciação das células epiteliais (Esposito *et al.*, 2002). Também se demonstrou que os anticorpos anti-TG2 aumentam a permeabilidade das células epiteliais numa linha celular intestinal e induzem a ativação de monócitos ao ligarem-se ao recetor Toll-Iike 4, o que pode contribuir para a lesão intestinal (Zanoni *et al.*, 2006).

1.4 <u>Apresentação clínica</u>

As manifestações clínicas da DC são muito variadas e, apesar de outrora ter sido considerada uma doença puramente pediátrica, o diagnóstico é cada vez mais feito na idade adulta, embora muitos adultos ainda sejam erradamente diagnosticados como tendo síndrome do intestino irritável ou outras síndromes gastrointestinais.

1.4.1 <u>CD típico</u>

Os sintomas clínicos variam nos indivíduos afectados e são frequentemente diferentes nos bebés e nas crianças pequenas em comparação com os adolescentes e os adultos (Fassano, 2005). Em bebés e crianças pequenas, predominam os sintomas clássicos, ou seja, diarreia crónica, má absorção, crescimento deficiente, falta de apetite, distensão abdominal e comportamento infeliz. Nas crianças mais velhas, a DC apresenta-se mais frequentemente como dor abdominal recorrente, diarreia ou obstipação, anemia por deficiência de ferro e atraso pubertário (Fassano, 2005). Na DC adulta, a osteoporose é uma complicação mesmo na DC "silenciosa", ou seja, a DC sem sintomas clínicos óbvios ou mesmo ausentes, mas com marcadores serológicos elevados e lesão intestinal quando se faz uma dieta contendo glúten (Cellier *et al.*, 2000).

1.4.2 <u>CD atípica</u>

A DC atípica é geralmente observada em crianças mais velhas e adultos e as características de má absorção evidente estão ausentes. As características intestinais podem estar ausentes ou incluir queixas invulgares, como dor abdominal recorrente, náuseas, vómitos, inchaço, defeitos do esmalte dentário (Wierink *et al.*, 2007) e estomatite aftosa recorrente. (Bucci *et al.*, 2006). O aumento isolado do nível de aminotransferase sérica causado por uma inflamação hepática ligeira e não progressiva é uma apresentação comum em crianças (Rubio-Tapia & Murray, 2007). Até ao momento, foram descritas várias manifestações extra-intestinais da doença, isoladas ou em associação, que podem afetar qualquer órgão ou sistema do corpo. A anemia é um achado frequente em pacientes com DC e pode ser a caraterística de apresentação; sua prevalência varia muito de acordo com diferentes relatos e foi encontrada em 12-69% dos pacientes recém-diagnosticados com DC (Halfdanarson *et al.*, 2007). A anemia por deficiência de ferro é a mais comum no contexto da DC e tem sido relatada em até 46% dos casos de DC subclínica, com uma prevalência maior em adultos do que em crianças. A dermatite herpetiforme é atualmente considerada como uma variante da DC ("DC cutânea"). É uma doença cutânea vesiculosa caracterizada pela deposição típica de IgA granular na junção dermoepidérmica, com pontilhado nas papilas dérmicas.

1.4.3 <u>CD silencioso</u>

Desde a introdução dos testes serológicos, a DC silenciosa (aparentemente sem sintomas) tem sido cada vez mais reconhecida devido ao rastreio ocasional. Este é frequentemente o caso em indivíduos com história familiar de DC, pacientes com doenças auto-imunes associadas (por exemplo, diabetes tipo 1) ou genéticas (síndrome de Down, Turner ou Williams). Uma história e investigação minuciosas revelam, no entanto, uma doença de baixo grau em muitos desses indivíduos. As características comuns são: (a) distúrbios comportamentais, tais como irritabilidade e desempenho escolar prejudicado; (b) aptidão física prejudicada e fadiga crónica; (c) deficiência de ferro com ou sem anemia; e (d) densidade mineral óssea reduzida. É frequentemente relatada uma melhoria do bem-estar psicofísico em crianças afectadas por DC aparentemente silenciosa após o início do tratamento com uma GFD (Fasano & Catassi, 2001).

1.4.4 **CD potencial**

A DC potencial é caracterizada por uma mucosa intestinal normal ou por anomalias histológicas subtis, tais como um número aumentado de IEL (lesão de tipo 1). Estes doentes são positivos para anticorpos anti-tTG e/ou EMA e/ou depósitos subepiteliais de IgA anti-tTG na biopsia. Podem estar bem ou ter sintomas intestinais, que podem responder a uma dieta gastrointestinal. Com o tempo, podem desenvolver uma mucosa plana, embora não haja provas que apoiem a gestão destes doentes com uma GFD até se registar um achatamento inequívoco da mucosa (Di Sabatino & Corazza, 2009).

1.5 **Papel das infecções na doença celíaca**

1.5.1 **Infeção por rotavírus**

A infeção por rotavírus, uma das causas mais comuns de gastroenterite aguda em crianças de todo o mundo (Kapikian *et al.*, 2001), representa um fator de risco plausível. As infecções por rotavírus foram anteriormente implicadas na autoimunidade que conduz à diabetes tipo I (Honeyman *et al.*, 2000). Foi demonstrado que induzem a expressão de citocinas inflamatórias no intestino, aumentam a permeabilidade intestinal e conduzem a alterações estruturais transitórias no intestino (Kapikian *et al.*, 2001). É improvável que uma única infeção por rotavírus seja uma causa suficiente da doença celíaca e que uma maior frequência de infecções possa contribuir para o desenvolvimento da doença celíaca. (Stene *et al.*, 2006).

De facto, os rotavírus humanos são os agentes etiológicos mais frequentes da gastroenterite em bebés e crianças pequenas na maior parte do mundo. Os anticorpos anti-péptido de gliadina de pacientes com sensibilidade ao glúten reconhecem o produto viral, sugerindo uma possível ligação entre a infeção por rotavírus e a sensibilidade ao glúten (Vojdani *et al.*, 2008). Também foi demonstrado que os anticorpos purificados contra o péptido de rotavírus são capazes de reagir de forma cruzada com o péptido de gliadina, a proteína de junção estreita (péptido de desmogleína) e o péptido do recetor-4 semelhante ao toll dos monócitos. Estas descobertas implicam ainda mais a alteração da permeabilidade celular na sensibilidade ao glúten e na autoimunidade (Zanoni *et al.*, 2006).

Por conseguinte, uma vez que o anticorpo do péptido de rotavírus purificado por afinidade não só se liga ao péptido de gliadina, mas também reconhece a estrutura endomisial, ativa o TLR4 e altera a permeabilidade das células epiteliais, sugere que o epítopo do rotavírus pode ser importante para determinar a capacidade de uma resposta imunitária antivírus para reagir de forma cruzada com os auto-antigénios (Vojdani *et al.*, 2008). Esta reação cruzada entre o péptido do rotavírus e os antigénios dos tecidos humanos tem consequências funcionais no TLR4, nas proteínas da junção apertada e na permeabilidade intestinal. É provável, portanto, que um mecanismo de mimetismo molecular possa estar envolvido na patogénese da sensibilidade ao glúten com ou sem enteropatia (Pockely, 2003). Blutt *et al.*, 2004 identificaram um peptídeo autoantigénico que é reconhecido por Igs séricos de pacientes com doença ativa (com uma dieta contendo glúten [GCD]), mas não por pacientes com GFD, incluindo anticorpos contra o peptídeo purificado do soro de pacientes que reconhecem a proteína neutralizante principal do rotavírus VP-7 e auto-antigénios incluindo tTG (Dieterich *et al*, 1997), a proteína humana de choque térmico 60 (HSP60) (Pockely, 2003), a desmogleína 1 (Amagai, 2003) e o TLR4 (Goldstein, 2004). Os anticorpos anti-peptídeos são patogeneticamente relevantes devido à sua capacidade de alterar a integridade da barreira intestinal e de ativar monócitos através de um mecanismo previamente desconhecido de estimulação do TLR4 (Goldstein, 2004).

1.5.2 <u>Outros agentes infecciosos</u>

Existem outros vírus que desempenham um papel na infeção por DC, nomeadamente a infeção por adenovírus (Lahdeaho *et al.*, 1993) e a infeção pelo vírus da hepatite C (HCV) (Ruggeri *et al.*, 2008)

Vários outros agentes patogénicos gastrointestinais têm sido associados ao desenvolvimento da DC, com resultados variáveis; a maioria são relatos de casos isolados. Entre os agentes patogénicos encontram-se Campylobacter jejuni (Verdu *et al.*, 2007), Giardia lamblia (Carroccio *et al.*, 2001) e infeção por Enterovírus (Carisson *et al.*, 2002).

1.6 Epidemiologia

Classicamente, pensava-se que a doença celíaca era uma doença da Europa e dos países para onde os europeus emigraram, incluindo a América do Norte e a Austrália (Ciclitira *et al.*, 2005). Foi sugerido que a ocorrência de doença celíaca na infância estava a diminuir em resposta a alterações nos hábitos alimentares (Ciclitira *et al.*, 2005). Estudos epidemiológicos na Europa e nos Estados Unidos indicam, de facto, que a doença celíaca é comum em crianças e que a prevalência se situa entre 3 e 13/1000 (Maki *et al.*, 2003). No Iraque, a prevalência foi de 1:400 entre dadores de sangue saudáveis, através de rastreio serológico (Mohamad *et al.*, 2004).

Relatos de DC no Iraque apareceram pela primeira vez em 1975 por Al - Hassany, (1975). Num estudo realizado no Iraque, a prevalência da DC foi de 10% em doentes dispépticos (Ali *et al.*,2009). Noutro estudo realizado no Iraque, foram registados 61% de DC com base em dados serológicos e histopatológicos (Arif *et al.*,2009).

Num estudo realizado no Irão, a DC foi responsável por 20% dos casos de diarreia crónica em adultos (Rostami *et al.*,2004). Noutro estudo realizado no Kuwait, verificou-se que a DC era a causa de diarreia crónica em até 20% das crianças (Rostami *et al.*,2004).

1.7 Imunidade (Aspectos imunitários da D.C.).

1.7.1 Transglutaminase tecidular

1.7.1.1 Função deTG

As transglutaminases são um grupo de enzimas amplamente distribuído que catalisa a modificação pós-translacional de proteínas através da formação de ligações isopeptídicas (Greenberg *et al.*, 1991). Todas as diferentes transglutaminases humanas partilham uma sequência comum no local catalítico e têm uma estrutura genética semelhante, embora sejam codificadas por genes separados e apresentem diferenças na especificidade do substrato, nos padrões de expressão e na função (Griffen *et al.*, 2002). A tTG é uma enzima ubíqua dependente de cálcio que catalisa a modificação pós-traducional de proteínas e é libertada da célula durante a inflamação. Sugere-se que a tTG exerça pelo menos dois papéis cruciais na DC: como enzima desamidante, que pode aumentar o efeito imunoestimulador do glúten, e como um autoantigénio alvo na resposta imunitária (Di Sabatino *et al.*, 2012). Uma vez que os peptídeos de gliadina ricos em glutamina são um excelente substrato para a tTG, e os peptídeos desaminados resultantes e, portanto, com carga negativa, têm uma afinidade muito maior para as moléculas HLA-DQ2 e HLA-DQ8, acredita-se que a ação da tTG seja um passo fundamental na patogénese da doença celíaca (Di Sabatino *et al*, 2012). A tTG ou transglutaminase 2 é uma enzima ubíqua dependente de cálcio constituída por 686 aminoácidos (76-KD), que exerce várias funções fisiológicas distintas. A tTG apresenta uma elevada especificidade para apenas determinados resíduos de glutamina ligados a proteínas como substratos dadores de glutamina, ou seja, aqueles em que os substratos aceitadores de glutamina contendo lisina são numerosos (Lorand & Graham, 2003). A gliadina do trigo é um dos substratos preferidos desta enzima, uma vez que até 36% dos seus resíduos de glutamina são acessíveis à modificação pela tTG (Ciccocioppo *et al.*, 2005). Além disso, a tTG intracelular parece estar envolvida na regulação da proliferação, diferenciação e apoptose celulares (Fesus & Szondy, 2005). De facto, esta enzima pode atuar de forma pró ou antiapoptótica, dependendo do tipo de célula, da localização intracelular da enzima e do tipo de atividade da tTG que está presente. Foi sugerida uma função imunológica para a tTG, principalmente devido ao seu papel na ativação do fator de crescimento transformador -β (TGF- β) (Kojima *et al.*,1993), uma citocina conhecida por exercer propriedades anti-inflamatórias e prevenir a autoimunidade (Aoki *et al.*, 2005)

1.7.1.2 A transglutaminase tecidular como autoantigénio da doença celíaca

O interesse na tTG tem crescido de forma explosiva durante as últimas duas décadas em relação à patogénese e ao diagnóstico da doença celíaca. As moléculas HLA-D-Q2 e HLA-DQ8 predispõem ao desenvolvimento da doença através da apresentação preferencial às células T CD4+ da mucosa de péptidos de glúten ricos em prolina que foram desamidados pela tTG (Martucci & Corazza, 2002). O reconhecimento dos péptidos de gliadina ligados ao HLA e desamidados pela tTG pelas células T CD4+ induz a sua ativação e a produção de citocinas (Ciccocioppo *et al.*, 2005). Algumas destas citocinas das células T helper tipo 2 conduzem à ativação e expansão clonal das células B, com a consequente produção de anticorpos anti-gliadina e anti-tTG do tipo IgA, estes últimos conhecidos como a marca serológica da doença celíaca (Dieterich *et al.*, 2000).

O primeiro estudo que propôs um possível papel para a tTG na doença celíaca foi o de (Bruce *et al.*,1985), que mostrou que a atividade da tTG estava aumentada em doentes celíacos tratados e não tratados, em comparação com os controlos, e que os péptidos de gliadina ricos em glutamina representavam substratos preferenciais para esta enzima. Em estudos posteriores, foi confirmada uma maior atividade da tTG na mucosa duodenal celíaca (D'Argenio *et al.*, 1989). No entanto, só em 1997 é que a tTG foi identificada como o autoantigénio dos anticorpos anti-endomísio. (Dieterich *et al.*, 1997) obtiveram uma única banda proteica de 85 KDa, que, após análise da sequência, foi identificada como tTG. Com base nas suas descobertas de que a tTG formava um complexo com a gliadina, colocaram a hipótese de que os neoepitopos no complexo entre a gliadina e a tTG iniciavam uma resposta imunitária dirigida contra a gliadina e a tTG. Estudos subsequentes indicaram que, ao catalisar a desamidação crítica e ordenada dos péptidos da gliadina, a tTG aumentava fortemente a sua afinidade para as moléculas HLA-DQ2 e HLA-DQ8 nas células apresentadoras de antigénios, aumentando assim o reconhecimento da gliadina pelas células T derivadas do intestino (Anderson *et al.*, 2000). Estudos imunohistoquímicos demonstraram que a tTG é expressa no intestino delgado normal e que essa expressão está ligeiramente aumentada na mucosa do intestino delgado celíaco não tratado, onde a tTG é detectada ao nível da muscularis mucosa e dos fibroblastos pericriptais adjacentes aos enterócitos (Gorgun *et al.*, 2009). Além disso, a tTG de superfície celular foi recentemente encontrada em macrófagos e células dendríticas, que se sabe desempenharem um papel fundamental na patogénese da doença celíaca (Hodrea *et al.*, 2010). Uma relação espacial entre tTG extracelular, células que expressam DQ e células T foi encontrada na região subepitelial de amostras de biópsia intestinal de pacientes celíacos não tratados (Dieterich *et al.*, 1997), e a presença de complexos supramoleculares glúten -tTG foi demonstrada diretamente na mucosa duodenal celíaca (Ciccocippo *et al.*, 2003). A co-localização da gliadina -tTG foi encontrada principalmente nas áreas epitelial e subepitelial em doentes celíacos não tratados, mas restringiu-se à lâmina própria nos controlos (Ciccocippo *et al.*, 2003).

1.7.1.3 Modificação dos péptidos de gliadina pela irasnsglutaminase tecidular

Os principais factores de desencadeamento da doença celíaca são os péptidos estimuladores específicos das células T das proteínas do glúten da dieta, conhecidos como α-gliadinas, γ-gliadinas e gluteninas de baixo e alto peso molecular. De notar que alguns dos vários péptidos de α-gliadina envolvidos no processo da doença actuam como fragmentos imunogénicos (Ciccocioppo *et al.*, 2005). Estes fragmentos têm a capacidade de estimular especificamente clones de células T restritas a HLA - DQ2 ou HLA - DQ8- isoladas da mucosa do intestino delgado ou do sangue periférico de doentes celíacos. O fragmento A33-mer da α- gliadina, que é resistente à proteólise gastrointestinal, é particularmente imunogénico, uma vez que contém epítopos de restrição DQ2 parcialmente sobrepostos (Qiao *et al.*, 2004). A modificação selectiva da glutamina por tTG resulta na geração de um grande repertório de péptidos de gliadina que apresentam uma maior afinidade para as moléculas HLA-DQ2 e HLA-DQ8 envolvidas na sua apresentação às células T (Dorum *et al.*, 2010). Após a sua ativação, as células T reactivas ao glúten produzem citocinas pró-inflamatórias, das quais (IFN-γ) é dominante, que desencadeiam uma série de reacções inflamatórias que culminam na lesão celíaca caraterística (Di Sabatino & Corraza, 2009). tTG parece também estar envolvida na definição do repertório de receptores de células T, que é selecionado em resposta ao glúten, especialmente para HLA-DQ-8. Pensa-se que a força da resposta das células T aos péptidos de gliadina é influenciada pelo nível de experiência HLA-DQ2. A apresentação do péptido de gliadina por células apresentadoras de antigénio homozigóticas HLA-DQ2 resulta em respostas de células T pelo menos cinco vezes mais fortes em comparação com a apresentação de gliadina por células apresentadoras de antigénio heterozigóticas HLA-DQ2 (Vader *et al.*, 2003).

A heterogeneidade das propriedades estimuladoras das células T de vários péptidos da gliadina ou da glutenina em doentes infantis e adultos deu origem à hipótese de que a resposta imunitária precoce dos doentes celíacos é dirigida aos péptidos selvagens da gliadina e da glutenina, enquanto os danos de longa duração são causados por alguns péptidos "imunodominantes" da gliadina, que foram preferencialmente desamidados pela tTG e que, por isso, se ligam mais fortemente aos HLA-DQ2 e HLA-DQ8 (Martucci & Corazza, 2002).

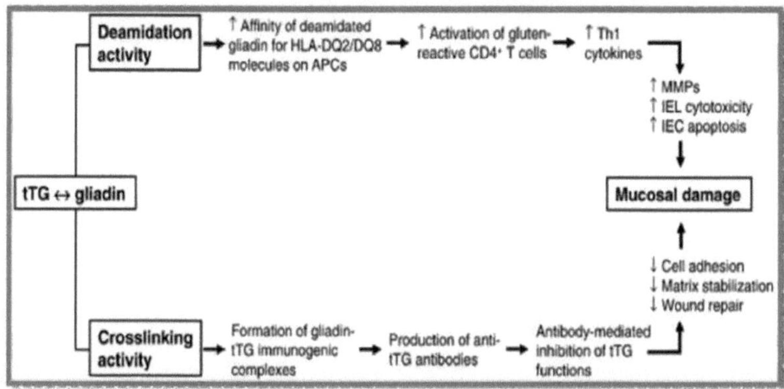

Figura 1.1: Possíveis papéis da tTG no desenvolvimento de lesões da mucosa na doença celíaca (DC), célula apresentadora de antigénio (APC), célula epitelial intestinal (IEC), linfócito intra-epitelial (IEL), metaloproteinase da matriz (MMP). (Di Sabatino *et al.*, 2012).

1.7.1.4 Resposta imune contra a transglutaminase tecidular

ᴦO isolamento de clones de células T da mucosa celíaca que podem ser estimuladas com peptídeos de gliadina apresentados no contexto de HLA-DQ2 e HLA-DQ8, apoia um papel central para a gliadina na geração de danos à mucosa na doença celíaca. (Sollid *et al.*,1997) propuseram um possível modelo baseado na capacidade das células B de apresentarem antigénio no córtex do HLA-DQ2. Esta ajuda poderia ser fornecida se a gliadina ligada de forma cruzada à tTG pudesse servir de proteína transportadora para a enzima. Este presumível mecanismo de ajuda intramolecular das células T específicas do glúten resultaria numa resposta imunitária anti-tTG na ausência de células T específicas da tTG. A *dependência* estrita *dos anticorpos anti-tTG da ingestão de glúten em doentes celíacos apoia este mecanismo. Uma hipótese alternativa é que as células dendríticas da mucosa podem também apresentar tTG a células T específicas tTG autoreactivas que escaparam à seleção negativa no timo. Estas células T específicas de tTG poderiam fornecer ajuda direta às células B específicas de tTG para a produção de anticorpos anti-tTG. A demonstração preliminar da existência de clones de células T específicas para tTG, restritas ao HLA-DQ2, no sangue periférico de doentes com doença celíaca parece confirmar esta segunda hipótese, sugerindo assim o papel da tTG como autoantigénio das células T (Ciccocioppo* et al., 2010)

A capacidade da tTG de atuar como hapteno na geração de auto-anticorpos contra si própria é uma caraterística marcante da doença celíaca. Os anticorpos anti-tTG provaram ser altamente valiosos no diagnóstico da doença celíaca, uma vez que estão presentes em 98% dos doentes celíacos com uma dieta contendo glúten (Abrams *et al.*, 2006). Um efeito inibidor dos anticorpos IgA e IgG anti-tTG do soro de doentes celíacos, bem como dos anticorpos monoclonais anti-tTG contra as actividades in vitro e in situ da tTG, foi demonstrado por (Esposito *et al.*, 2002). Embora a inibição da tTG humana recombinante tenha sido encontrada em todos os soros testados, o grau de inibição foi variável (Dieterich *et al.*, 2003) observaram que, apesar de um efeito inibitório parcial dos anticorpos anti-tTG isolados de doentes celíacos, a atividade enzimática residual permaneceu suficientemente elevada para permitir a incorporação eficiente de cadaverina na gliadina. Assim, eles especularam que o efeito inibitório dos anticorpos anti-tTG era de menor importância biológica na doença celíaca. Também foi demonstrado que os anticorpos anti-tTG, ao interagirem com a tTG ligada à membrana extracelular, desempenham um papel crucial na progressão e manutenção dos danos na mucosa na doença celíaca, induzindo alterações relevantes no citoesqueleto com redistribuição da actina (Barone *et al.*, 2007). Recentemente, (Caputo., *et al.*, 2011) demonstraram que a interação de anticorpos contra a tTG com a tTG de superfície celular desencadeia um nível rápido de Ca++ nas células, o que é suficiente para ativar a função da tTG intracelular.

1.8 **Glúten e resposta imunitária inata**

Embora tenham sido publicados vários estudos sobre o papel das células T na indução de danos intestinais (Ciccocippo *et al.*, 2001), pouco se sabe sobre as fases iniciais em que o glúten inicia todo o processo. O evento primário de uma resposta imunitária induzida pelo glúten requer que os oligopeptídeos portadores de epítopos tenham acesso à lâmina própria dentro da superfície relativamente impermeável da camada epitelial intestinal. Normalmente, esses oligopeptídeos são hidrolisados de forma eficiente em aminoácidos, dior tripeptídeos por peptidases localizadas na membrana da borda em escova dos enterócitos diferenciados antes de poderem ser transportados através do epitélio. Foi demonstrado um aumento do transporte através do epitélio intestinal de fragmentos de gliadina tóxicos e imunogénicos apenas na DC ativa (Matysiak-Budnik *et al.*, 2003), o que contraria um defeito constitutivo e sugere que a imaturidade dos enterócitos e/ou a inflamação são responsáveis por este evento. É bem conhecido que, sob estímulos inflamatórios e/ou de stress, os enterócitos expressam não só moléculas HLA de classe II, mas também o gene relacionado com a cadeia MHC de classe I (MIC) e moléculas HLA E que são reconhecidas pelos receptores natural killer NKG2D e CD94 presentes nos linfócitos intra-epiteliais (IELs) (Jabri *et al.*, 2000). Maiuri *et al.* 2003 demonstraram que o péptido tóxico de gliadina 31-43 é capaz de induzir uma resposta imunitária inata através da regulação positiva da expressão de IL-15, ciclo-oxigenase-2 e dos marcadores de ativação CD25 e CD83 nas células da lâmina própria com características de macrófagos, monócitos e células dendríticas, sem se ligar ao HLA-DQ2 ou -DQ8 e sem estimular as células T CD4+. Curiosamente, a resposta inata ao péptido 31-43 só é encontrada em doentes com DC HLA-DQ2 positivos, mas não em controlos não celíacos HLA-DQ2 positivos (Ciccocioppo *et al.*, 2005). No entanto, continua a desconhecer-se como é que quantidades muito pequenas de péptidos de glúten podem entrar na mucosa intestinal de indivíduos geneticamente susceptíveis para iniciar a cascata inflamatória.

O papel doIFN- α na doença celíaca permanece uma questão em aberto. O IFN-α é visto como uma citocina inata capaz de induzir a ativação de APC, a produção de IL-15 e de IFN-γ. Surpreendentemente, a expressão de IFN-γ na mucosa celíaca não está associada à produção de IL-12 (Nilsen *et al.*,1998), o que sugere que outra citocina deve induzir a produção de IFN- γ, sendo os candidatos mais prováveis a IL-18 e o IFN-. α O papel potencial do IFN- α é apoiado pelas observações de que a doença celíaca foi induzida pelo tratamento com IFN- α em doentes com hepatite C (Durante-Mangoni *et al.*, 2004) e de que a mucosa celíaca de doentes celíacos activos expressa níveis significativos de IFN No entanto, não foi relatada a indução de IFN- α pela gliadina em APCs ou células epiteliais.

1.9 <u>Glúten e resposta imunitária adaptativa</u>

A presença de uma quantidade aumentada de péptidos de glúten na lâmina própria, juntamente com uma predisposição genética, aumenta consideravelmente o risco de quebra da tolerância oral a estes péptidos. Na DC, as moléculas HLA-DQ2 e -DQ8 ligam-se a fragmentos de proteínas nas suas ranhuras peptídicas e estes complexos são expressos na superfície celular da APC para serem reconhecidos por uma população específica de células T CD4+. Uma descoberta muito importante é que a ligação óptima de alguns péptidos de glúten a HLADQ2/ DQ8 requer a sua modificação prévia por tTG (Molberg *et al.*, 2001). Como já foi referido (Martucci & Corazza, 2002), esta enzima tem uma elevada avidez por prolaminas e possui, a pH baixo, uma atividade de desamidação que transforma resíduos neutros de glutamina em ácido glutâmico carregado negativamente (Fleckenstein *et al.*, 2002). A introdução de cargas negativas nos peptídeos de glúten em posições específicas favorece a sua interação com aminoácidos básicos localizados nas posições de ancoragem das moléculas HLA DQ2/DQ8 e, subsequentemente, aumenta a ligação do peptídeo e a estimulação das células T (Molberg *et al.*, 2001). Ainda não se sabe se os peptídeos de glúten imunogénicos são reconhecidos pelas células T da mucosa numa forma isolada e/ou numa forma complexada, uma vez que a presença de complexos glúten-tTG foi recentemente demonstrada na mucosa celíaca (Ciccocioppo *et al.*, 2003).

É interessante notar que os níveis de expressão de HLADQ estão sob a influência de citocinas e particularmente de IFN-γ (Ting & Trowsdale, 2002). A produção local de IFN-γ, por exemplo, como resultado de uma infeção, levaria assim a uma expressão elevada de HLADQ por APC profissionais e não profissionais, como enterócitos e, consequentemente, apresentação de peptídeos de glúten, o que pode contribuir para o desenvolvimento e / ou progressão de uma resposta de células T específicas de glúten. Além disso, a estrutura cristalina de raios X do domínio solúvel de HLA-DQ2 ligado a um epítopo desamidado de α I-gliadina foi recentemente relatada e demonstra a presença de uma intrincada rede de ligação de hidrogênio entre as duas moléculas (Kim *et al.*, 2004); foi demonstrado que a α I-gliadina desamidada tem uma afinidade 25 vezes mais elevada do que a sua homóloga não desamidada, provavelmente devido ao facto de ter um aceitador de ligações de hidrogénio mais potente que pode formar ligações de hidrogénio proteína a proteína adicionais, resultando num complexo gliadina-DQ2 mais estável. Este epítopo corretamente apresentado ativa o recetor de células T nos linfócitos T CD4+ que, por sua vez, se tornam capazes de ativar linfócitos T citotóxicos, macrófagos, células do estroma e linfócitos B, segregando um padrão peculiar de citocinas e metaloproteinases da matriz (Ciccocioppo *et al.*, 2005), que, por sua vez, causam danos nos tecidos e produção de anticorpos.

1.9.1 <u>Ativação imunitária na mucosa celíaca</u>

1.9.1.1 <u>Aspeto imunitário do IFN - γ</u>

O interferão-γ (IFN-γ) é uma citocina com múltiplas funções biológicas e patológicas. O IFN-γ desempenha um papel central na resposta imunitária contra infecções e na vigilância imunitária de tumores (Chen & Liu, 2009). A sua função inclui não só a ativação do sistema imunitário do hospedeiro para controlar as infecções microbianas, mas também a repressão da resposta autoimune através da ativação das células T reguladoras e do aumento da apoptose das células T-efectoras. O IFN-γ é segregado por ambas as células do sistema imunitário inato (células NK, células T) e do sistema imunitário adaptativo (células T CD8+ e células T Thl CD4+) (Chen & Liu, 2009). O IFN-γ pode promover a expressão da molécula supressora PD-Ll nos tecidos (Tsushima *et al.*, 2006) e antagonizar o desenvolvimento das células Thl7. Isto ajuda a melhorar os danos causados por doenças auto-imunes (Kastelein *et al.*, 2007). O papel do IFN-γ na autoimunidade tem sido relacionado com a sua capacidade de transformar células T reguladoras CD4+CD25- em CD4+CD25+; Th0 em Thl; e de modular o processamento de antigénios e a capacidade de inibição das células Thl7. A citocina mais abundante segregada pelas células T da mucosa activadas pelo glúten na doença celíaca é o interferão (IFN-γ), que as torna Thl-like (Nilsen *et al.*, 1998). Esta citocina é muito provavelmente um fator importante na expressão epitelial aumentada do componente secretário (recetor polimérico de Ig; pIgR) e HLA-DR observada na lesão plana (Brandtzaeg *et al.*, 1992). Especialmente em conjunto com o fator de necrose tumoral TNF-α (Deem *et al.*, 1991), o IFN-γ pode também contribuir para o aumento da permeabilidade epitelial (Madara & Stafford, 1989) e para a expansão das células plasmáticas da mucosa (PCs). Uma caraterística adicional da imunidade humeral ativa é constituída pela deposição de complemento subepitelial, que pode representar um insulto patogénico inato precoce na mucosa (Halstensen *et al.*, 1992).

1.9.1.2 <u>Ativação de APCs e células T da mucosa</u>

As APCs profissionais não são apenas centrais nas respostas imunitárias produtivas da mucosa, mas o seu estado funcional na lâmina própria do intestino também parece ser crucial para a indução e manutenção da tolerância oral (Viney *et al.*, 1998). Os macrófagos subepiteliais e as células dendríticas (DCs), tanto no intestino humano (Rugtveit *et al.*, 1997) como no murino (Chirdo *et al.*, 2005), expressam apenas níveis baixos de moléculas coestimuladoras, como a B7 (CD80), que apresentam propriedades estimuladoras de células T fracas (Qiao *et al.*, 1996). Por conseguinte, parece que normalmente se encontram num estado estável quiescente e transportam os péptidos de glúten penetrantes (e outros antigénios alimentares) para os gânglios linfáticos mesentéricos (Milling *et al.*, 2005), evitando assim a indução de imunidade mediada por células T auxiliares (Thl) com hipersensibilidade de tipo retardado na mucosa. Por outro lado, em um estado ativado -

devido a algum co-disparador, como infeção ou outros sinais de ativação inata - as APCs da mucosa podem induzir células Th1 reativas ao glúten na mucosa e, assim, perpetuar a patogênese celíaca em indivíduos geneticamente predispostos (Scott *et al.*, 1997). Sinais de imunidade adaptativa celular e humoral acentuadamente aumentada são observados na lesão celíaca não tratada (Scott *et al.*, 1997). Um importante evento dependente do glúten é a hiperativação das células T CD4+ (Halstensen & Brandtzaeg, 1993), que pode ser vista como um aumento da expressão de CD25 nas células CD3+, tanto nas lesões não tratadas como nas parcialmente tratadas. Além disso, a lesão celíaca ativa mostra uma indução extensiva de CD25 (Halstensen & Brandtzaeg, 1993) e HLA-DQ (Scott *et al.*, 1987) nos macrófagos subepiteliais e nas DCs. O aumento da expressão celular das moléculas coestimuladoras de adesão intercelular

(ICAM)-I (Sturgess *et al.*, 1990), CD86 e CD40 (Rugtveit *et al.*, 1997) é mais uma prova da ativação imunitária da mucosa. Foi recentemente demonstrado que um subconjunto de CD da mucosa derivado de monócitos CD11c+ é mais eficiente na apresentação de péptidos de gliadina a células T CD4+ reactivas ao glúten (Raki *et al.*, 2006).

1.9.1.3 <u>Resposta das células B ao glúten na doença celíaca</u>

O aumento da produção mucosa de anticorpos IgG, IgM e IgA contra a gliadina e outros antigénios alimentares na doença celíaca foi apoiado por estudos ex vivo de amostras de biópsia (Ciclitira *et al.*, 1986) e células linfóides dispersas da lâmina própria (Ciclitira *et al.*, 1989). Cerca de 50% da IgG circulante é distribuída extravascularmente, e os anticorpos derivados do soro também podem ter um efeito imunopatológico na lesão celíaca (Elsevier, 2006). A maioria dos pacientes com DC não tratados tem níveis relativamente altos de anticorpos IgG1 (às vezes junto com IgG3) contra a gliadina no soro (Havatum *et al.*, 1992), e esses dois isotipos mostram propriedades ativadoras do complemento (Gallagher *et al.*, 1989). Por conseguinte, podem causar permeabilidade epitelial, o que poderia explicar o facto de o seu nível relativo estar relacionado com a elevação da resposta da IgA sérica à gliadina (Havatum *et al.*, 1992). Também é de salientar que, embora a resposta de IgG+ PC da mucosa na doença celíaca mostre alguma preferência por IgG2 (de especificidade ainda desconhecida), a IgG1 pró-inflamatória é a subclasse de IgG produzida localmente dominante (Rognum *et al.*, 1989). Através de um ensaio de imunoabsorção enzimática (ELISA), foram detectadas concentrações relativamente elevadas de anticorpos IgA e IgM contra a glúten/gliadina (apenas a classe IgM na deficiência selectiva de IgA) no fluido jejunal de doentes celíacos não tratados (Lavo, *et al.*, 1992). Além disso, foi demonstrado que os anticorpos IgA desaparecem mais lentamente do fluido intestinal do que do soro durante a restrição de glúten (Labroy *et al.*,1986), e os anticorpos IgM jejunais persistiram por períodos bastante prolongados em adultos tratados (O'Mahony *et al.*, 1991).

1.9.1.4 <u>Anticorpos IgA contra o glúten e a transglutaminase tecidular</u>

A produção excessiva de IgA na lesão celíaca aparentemente explica a maior parte da concentração sérica de IgA comumente aumentada, caraterística de pacientes não tratados ou desafiados pelo glúten (Brandtzaeg *et al.*, 1993); existe uma forte correlação positiva entre o nível sérico de anticorpos IgA para glúten/gliadina e o número de PCs IgA+ jejunais por unidade de tecido (Kett *et al.*, 1990). O facto de 57-61% dos anticorpos IgA circulantes serem dímeros em doentes não tratados (Colombel *et al.*, 1990), para além de um enriquecimento substancial da fração de anticorpos IgA2 (Osman *et al.*, 1996), atesta ainda mais uma origem mucosa significativa. Alternativamente, os anticorpos contra glúten/gliadina podem ser secretados no sangue periférico a partir de plasmablastos IgA+ circulantes a caminho do tecido linfoide indutor associado ao intestino para semear a lâmina própria (Hansson *et al.*, 1997). A relação marcante entre a gravidade da enteropatia sensível ao glúten na doença celíaca e na DH e o nível sérico de anticorpos endomisiais (IgA-EMAs) sugere que também estes anticorpos são produzidos por PCs na lesão (Scott & Brandtzaeg, 1996). No entanto, enquanto 31% dos anticorpos contra a gliadina pertencem à subclasse IgA2 - sendo compatíveis com uma origem duodenal/jejunal - apenas 6% dos IgA-EMAs são desta subclasse, talvez reflectindo uma produção extra-intestinal (Osman *et al.*, 1996). No entanto, mesmo na doença celíaca, a maioria das PCs IgA+ jejunais (53%) produzem efetivamente a subclasse IgA1 (Kett *et al.*, 1990), e as IgA-EMAs ocorrem no suco intestinal de doentes com enteropatia sensível ao glúten (McCord & Hall, 1994). É importante notar que (Dieterich *et al.*, 1997) identificaram o verdadeiro (ou o principal) auto-antigénio detectado pelas IgA-EMAs como sendo a transglutaminase tecidular (tTG) tipo 2 (TG2), que pertence a uma família de enzimas ubíquas abundantemente libertadas das células durante o stress e os danos nos tecidos.

1.10 <u>Tolerância intestinal</u>

1.10.1 <u>Tolerância oral (mucosa)</u>

O termo tolerância oral (ou mucosa) tem sido classicamente definido como a supressão das respostas das células T e B a um antigénio pela administração prévia do antigénio pela via oral (Du Pre & Samson, 2011). A tolerância oral é mediada pelos seguintes factores, nomeadamente:

1. Células T reguladoras e tolerância oral.

2. Fator de crescimento transformador beta (TGF - β).

3. Papel do ácido retinoide.

4. Papel da IL-10.

Nos últimos anos, tornou-se claro que tanto as respostas imunitárias reguladoras inatas como as adquiridas são essenciais para o desenvolvimento da tolerância oral. Como tal, os factores microambientais da mucosa, tais como o fator de crescimento transformador β, as prostaglandinas, mas também a vitamina A da dieta, criam o condicionamento de uma resposta reguladora adaptativa das células T que suprime as respostas específicas do antigénio subsequentes (Du Pre & Samson, 2011). As superfícies mucosas do trato gastrointestinal desenvolveram-se como a maior área de superfície do corpo que está em contacto com o ambiente externo. Não só a maioria dos agentes patogénicos entra através deste local, como a mucosa intestinal está continuamente exposta a uma grande variedade de antigénios inofensivos, como as proteínas da dieta e os constituintes das bactérias comensais. Para regular esta elevada pressão antigénica, o intestino humano contém aproximadamente 50×10^9 linfócitos, uma grande proporção de todas as células imunitárias do corpo (Du Pre & Samson, 2011). Estas células imunitárias intestinais residem no tecido linfoide associado ao intestino (GALT), estão dispersas entre as células epiteliais intestinais ou encontram-se em toda a lâmina própria do intestino, três compartimentos que medeiam respostas imunitárias distintas.

Curiosamente, uma vez desenvolvida uma resposta adaptativa tolerogénica das células T a um antigénio proteico solúvel, não só a resposta imune efetora proporciona tolerância no tecido intestinal, como também as respostas imunes periféricas ao mesmo antigénio são suprimidas (Faria & Weiner, 2005). Apesar dos mecanismos robustos que mantêm a tolerância oral, a hipersensibilidade às proteínas alimentares é comum em indivíduos geneticamente susceptíveis. Muitas hipersensibilidades alimentares são causadas por respostas imunitárias mediadas por IgE4) (Brandtzaeg, 2010). No entanto, também se distinguem as "hipersensibilidades alimentares não mediadas por IgE", nas quais os mecanismos imunitários que induzem a doença não foram identificados (Johansson *et al.*, 2001). Uma dessas hipersensibilidades alimentares não mediadas por IgE é a doença celíaca (DC). Os doentes com DC desenvolvem uma resposta inflamatória à proteína alimentar glúten, resultando em patologia intestinal grave. A perda de tolerância às proteínas do glúten nos doentes com DC está associada a uma resposta inflamatória das células T CD4+ específicas do glúten. As células T activadas específicas do glúten que produzem grandes quantidades de IFN-γ podem ser isoladas da mucosa do intestino delgado de doentes com DC mas não de indivíduos saudáveis (Nilsen *et al.*, 1995). Estas células T específicas do glúten restringem-se exclusivamente às moléculas HLA-DQ2 e HLA-DQ8 que predispõem à doença (Lundin *etal.*, 1993).

1.10.2 <u>Papel daIL-lθ</u>

A IL-10 é uma citocina com amplas propriedades anti-inflamatórias que é produzida por muitos tipos de células, incluindo células epiteliais, monócitos, macrófagos, DC, células NK, células B, células T CD8+, linfócitos intra-epiteliais e diferentes subconjuntos de células T CD4+, incluindo células Th1, Foxp3+ Treg, células Trl, células Th3, células Thl7 e células T auxiliares foliculares (O'Garra & Vieira, 2007). Podem ser detectados números elevados de células T produtoras de IL-lO no microambiente intestinal, especialmente em PP, linfócitos intraepiteliais do intestino delgado e linfócitos da lâmina própria do cólon (Kamanaka *et al.*, 2006). Apesar da sua presença abundante no intestino, o papel da IL-lO na tolerância oral é controverso. Vários estudos referiram que a alimentação com antigénios resulta num aumento da produção de IL-lO, principalmente no PP, mas também no MLN, no baço e no soro (Tsuji *et al.*, 2001). No entanto, vários estudos demonstraram que a tolerância oral pode ser normalmente induzida na ausência de IL-lO (Fowler & Powire, 2002), o que indica que, em condições estáveis, a IL-lO não é absolutamente necessária para o estabelecimento da tolerância às proteínas solúveis. Embora a IL-10 pareça ser dispensável para a indução de tolerância às proteínas da dieta, o seu papel na promoção da tolerância à microbiota intestinal está bem estabelecido. Embora se reconheça que o intestino é um local preferencial para a geração de células T produtoras de IL-lO, os factores locais que medeiam a diferenciação destas células permanecem pouco claros. A capacidade das APC da mucosa para induzir células T produtoras de IL-l0 tem sido associada à sua própria secreção de IL-l0 (Denning *et al.*, 2007), que, por sua vez, pode depender do condicionamento pelo ambiente tolerogénico do intestino. No entanto, recentemente, foram relatadas várias vias muito diferentes que conduzem a células T produtoras de IL-l0. É importante notar que a produção de IL-l0 não se restringe apenas à diferenciação de células Trl produtoras de IL-l0 a partir de células T naive, uma vez que as células T produtoras de IL-l0 com atividade supressora também podem derivar de células T efectoras. Esta descoberta aumenta a complexidade do estudo destas células, uma vez que a capacidade supressora das células T efectoras que segregam IL-l0 pode ser muito transitória. Níveis particulares de encontro de antigénio podem ser responsáveis por esta IL-l0 derivada de células T efectoras, uma vez que níveis elevados e sustentados de antigénio induzem IL-IO derivada de Thl através da estimulação com IL-12 (Saravia *et al.*, 2009).

1.11 <u>Autoanticorpos associados à doença celíaca</u> (Shaoul & Lerner, 2007)

1 - Anti-endócrino

* TPO	(Anticorpo da peroxidase da tiroide)
* TMA	(Anticorpo microssomal da tiroide)
* ATG	(Teste de anticorpos de tiroglobulina)
* GAD	(Ácido glutâmico descarboxilase)
* ICAs	(Anticorpos para células das ilhotas)
* IA-2	(Proteína IA-2 semelhante ao fosfato de tirosina)

2 - Anti-gastrointestinal

* APC	(Anticorpo para células parietais gástricas)
* AMA	(Anticorpo mitocondrial)

3 - Anti-nuclear

* ss - ADN	(ADN de cadeia simples)
* ds- ADN	(ADN de cadeia dupla)
* ENA	(Antigénio nuclear extraível)

* Ro/SSA

4 - Anti-cytoskeleton

* ARA   (Anticorpo anti-reticulina)

* AAA   (Anticorpo anti - Actina)

* ASMA   (Anticorpo anti-músculo liso)

* Anti-desmina

* Anti-Colagénios

* CRT   (Anticorpo anti-calreticulina)

* Anti-ósseo

5 - Anti-neurológico

*   Anti-cérebro

*   Anti-neuronais

*   Vaso anti-sangue

*   Anti-gangliosídeo

1.12 Papel da descarboxilase do ácido glutâmico (GAD):

A descarboxilase do ácido glutâmico (GAD) é a enzima responsável pela produção de ácido g-amino-butírico (GABA), o neurotransmissor inibitório mais abundante no sistema nervoso central. Foram descritos anticorpos dirigidos contra a GAD na síndrome da pessoa rígida, na diabetes mellitus insulino-dependente (IDDM) (a origem aqui é das células b pancreáticas) e nas síndromes poliendócrinas auto-imunes, bem como em algumas ataxias imunomediadas (Honnorat *et al.*, 2001). A prevalência destes anticorpos é de pelo menos 60%, tanto em pacientes com ataxia por glúten como em pacientes com DC e sem manifestações neurológicas (Hadjivassiliou *et al.*, 2004). Os níveis (medidos por ELISA) e a positividade desses anticorpos anti-GAD podem ser significativamente reduzidos pela introdução de uma dieta sem glúten em ambos os grupos de pacientes (Hadjivassiliou *et al.*, 2004). Nos doentes com manifestações neurológicas, que também têm uma enteropatia, a prevalência destes anticorpos é de 96% (Hadjivassiliou *et al.*, 2004). Pacientes com processos de doença caracterizados pela presença de anticorpos anti-GAD também parecem ter uma maior prevalência de DC (por exemplo, pacientes com IDDM (Holmes, 2001), síndrome da pessoa rígida (Hadjivassiliou & Grunewald, 2000) e síndrome poliendócrino tipo II, onde a DC pode fazer parte da síndrome).

1.13 Diagnóstico

1.13.1 Diagnóstico clínico

A doença celíaca é frequentemente assintomática, mas os doentes sem sintomas podem notar um aumento do bem-estar com o tratamento (Johnston *et al.*, 1998). A apresentação clássica na primeira infância é a diarreia profusa e a falta de crescimento após o desmame, mas podem ocorrer características subtis em crianças mais velhas, como a redução da velocidade de crescimento ou o desempenho escolar prejudicado (Woodward, 2010).

1.   A diarreia pode ser claramente esteatorréica devido à má absorção de gorduras. No entanto, os sintomas gastrointestinais podem ser mínimos, e o inchaço e o desconforto podem ser incorretamente diagnosticados como síndrome do intestino irritável (Sanders *et al.*, 2001).

2.   A perda de peso pode ser significativa, mas está frequentemente ausente e a obesidade não exclui o diagnóstico.

3.   A fadiga e a depressão são comuns.

4.   A deficiência de ferro pode resultar em anemia sintomática, mas é frequentemente detectada por coincidência (por exemplo, em sessões de doação de sangue).

5.   A anemia pode também resultar de uma deficiência de folato ou de vitamina B12.

6.   As apresentações neurológicas, incluindo neuropatia periférica, epilepsia e ataxia (Sander *et al.*, 2003), são raramente descritas.

1.13.2 Testes serológicos

A doença celíaca é normalmente suspeitada num doente devido à presença de sintomas característicos ou por pertencer a um grupo de risco. Os indivíduos do grupo de risco incluem:

1.   Os que têm perturbações associadas à D.C. (Figura 1. 2) (Briani *et al.*, 2008).

2.   Grau de parentesco dos doentes celíacos. Uma vez que se suspeita de doença celíaca, o

paciente deve ser testado para marcadores sorológicos da doença. (Briani *et al.*, 2008).

O marcador serológico mais sensível e específico da doença celíaca é a IgA anti-transglutaminase-2 (anti-TG2) ou anticorpos anti-endomísio (Rostami *et al.* ,1999). Embora sejam utilizados dois tipos diferentes de teste para os anticorpos anti-TG2 e anti-endomísio, eles detectam anticorpos para o mesmo antigénio, nomeadamente TG2 (Alaedini & Green, 2005). Uma revisão da literatura não indica uma diferença estatisticamente significativa entre os testes do anticorpo anti-TG2 humano e do anticorpo antiendomísio (Rostom *et al.*, 2006), pelo que qualquer um deles pode ser considerado no painel inicial de testes serológicos. O isótipo IgA é mais sensível e específico (mais de 90%) para a doença celíaca do que o IgG, e é recomendado para o rastreio inicial. No entanto, como a deficiência de IgA tem uma prevalência aumentada entre os pacientes celíacos (Green, 2007), deve-se ter cuidado ao interpretar os resultados dos testes de anticorpos IgA. No caso de deficiência de IgA, a medição dos anticorpos IgG anti-TG2/endomísio e IgG anti-gliadina deve ser substituída (Green, 2007). Embora a presença do anticorpo antigliadina seja historicamente considerada um importante marcador da doença celíaca, a sua menor sensibilidade e especificidade em comparação com o anticorpo IgA anti-TG2 levou a uma diminuição da sua utilidade como marcador de diagnóstico. No entanto, em casos de deficiência de IgA, o uso do anticorpo anti-gliadina, além do anticorpo IgG anti-TG2, aumenta a sensibilidade (Green, 2007). Além disso, as novas gerações de testes de anticorpos antigliadina que utilizam peptídeos de gliadina desamidados específicos da doença celíaca, em vez de misturas de proteínas de gliadina inteiras, são agora consideradas como tendo sensibilidade e especificidade que rivalizam com as do teste de anticorpos anti-TG2 (Rashtak *et al.*, 2008). É provável que estes testes venham a ser amplamente utilizados quando o seu desempenho for confirmado por mais estudos.

1.13.3 <u>Biópsia intestinal</u>

Um resultado positivo para o anticorpo IgA anti-TG2/endomísio ou para o anticorpo IgG anti-TG2/endomísio e anti-gliadina em caso de deficiência de IgA deve ser seguido de uma biopsia intestinal. (Briani *et al.*, 2008). Uma biópsia também pode ser realizada em casos de sorologia negativa, mas com alta suspeita clínica. As características histológicas da doença celíaca variam desde uma arquitetura vilositária quase normal com aumento da linfocitose intra-epitelial até à atrofia vilositária total (Marsh, 1992). A identificação positiva dessas anormalidades leva a um diagnóstico presuntivo de doença celíaca, que deve ser seguido pela instituição de dieta gastrointestinal. O diagnóstico definitivo é feito somente após uma clara melhora na resposta à dieta. Uma segunda biópsia para confirmar a melhora histológica não é necessária, exceto nos casos em que os sintomas clínicos da doença celíaca não estão presentes. E se o laudo da biópsia for negativo, mas a sorologia for positiva ou houver alta suspeita clínica de doença celíaca? Nesses casos, é útil considerar a tipagem HLA. Como quase todos os pacientes celíacos (e aproximadamente 25% a 40% da população em geral) são portadores dos alelos HLA-DQ2 e/ou HLA-DQ8, ambos os marcadores têm um valor preditivo negativo muito alto, ajudando a descartar a doença em casos de resultados de biópsia equivocados (Rostom, *et al.*, 2006).

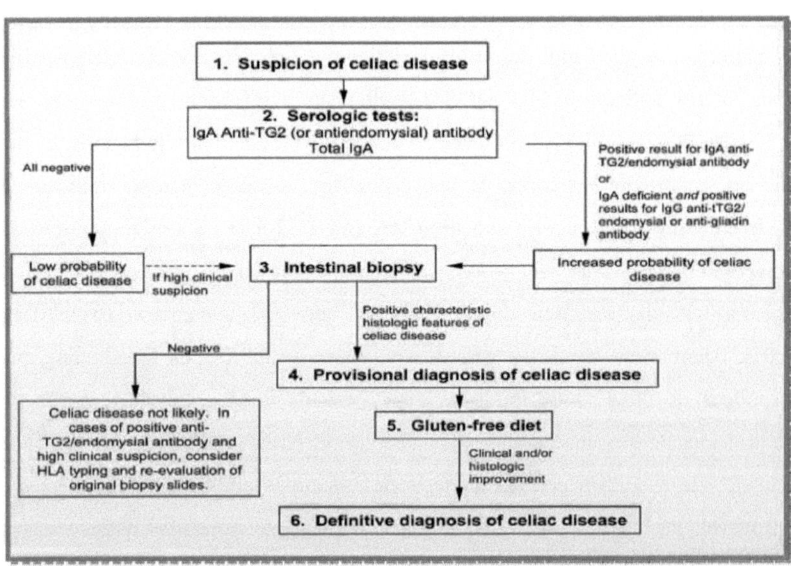

Figura. 1.2: Proposta de plano para avaliação de pacientes com suspeita de doença celíaca (Briani *et al.*, 2008).

1.14 <u>Tratamento</u>

O único tratamento atualmente disponível para a doença celíaca é a eliminação completa do glúten e das proteínas relacionadas da dieta, evitando produtos alimentares que contenham trigo, centeio e cevada. A melhora dos sintomas geralmente é observada em dias ou semanas após o início da dieta sem glúten, enquanto a recuperação completa da mucosa geralmente leva mais tempo (Lee *et al.*, 2003). Os títulos de anticorpos anti-TG2 e antigliadina diminuem com a eliminação do glúten da dieta, mas podem levar muitos meses ou até anos para desaparecer completamente (Lee *et al.*, 2003). As opções terapêuticas futuras podem incluir o tratamento enzimático do glúten para quebrar os peptídeos tóxicos, a modulação selectiva da atividade do TG2 ou o bloqueio da ligação dos peptídeos de gliadina às moléculas HLA, mas, por enquanto, a dieta sem glúten continua a ser a única opção de tratamento (Lee *et al.*, 2003). O que deve ser feito quando um paciente não responde à dieta sem glúten? Nesse caso, deve ser feita uma revisão cuidadosa do diagnóstico, bem como da dieta. Primeiro, é importante determinar se o paciente realmente tem doença celíaca, reavaliando os resultados dos testes sorológicos e reexaminando cuidadosamente as lâminas da biópsia original. Consultar um patologista gastrointestinal e testar os marcadores HLA DQ2/DQ8 será útil para resolver dúvidas sobre o diagnóstico (Briani *et al.*, 2008). Especificamente, é importante excluir outras condições que possam partilhar sintomas semelhantes, incluindo insuficiência pancreática, colite linfocítica, sobrecrescimento bacteriano e espru refratário com uma população clonal de células T (Alaedini & Green 2005).

Capítulo II. Sujeitos, materiais e métodos

Assunto

2.1 Doentes e recolha de amostras

O estudo é um caso-controlo e os doentes suspeitos inscritos foram (330) diagnosticados clinicamente como doença celíaca. Os pacientes estudados incluíam crianças e adolescentes (2 a 18 anos de idade) e adultos (19 a 50 anos de idade).

Por um lado, os doentes inscritos, em particular as crianças, são os que recorrem ao serviço de pediatria do hospital universitário de Raparin com queixas de diarreia persistente associada a perda de peso, atraso de crescimento e dores abdominais e as suas amostras de sangue foram enviadas para laboratórios privados. Por outro lado, foram recolhidas outras amostras de sangue de crianças encaminhadas de clínicas privadas para laboratórios privados.

Nos adultos, os soros foram colhidos de pessoas que frequentavam laboratórios privados na cidade de Erbil, provenientes de clínicas privadas em que se suspeitava de DC por motivos clínicos, principalmente com queixas de dores abdominais, anemia, cólon irritável e uma minoria de casos com diarreia.

Além disso, foram seleccionados 20 doentes com DC que estavam a seguir uma dieta sem glúten durante 6 meses ou mais e que foram encaminhados de uma clínica privada para um laboratório privado para efeitos de acompanhamento.

Foram ainda incluídos 20 homens e mulheres aparentemente saudáveis, sem DC, considerados como grupo de controlo e as suas idades foram comparadas com as idades dos doentes.

Os soros dos doentes com suspeita de DC, dos que estavam a fazer GFD e do grupo de controlo foram submetidos aos seguintes testes serológicos para deteção de IgA anti-tTG, IgG e IgA, concentração de IgG-EMA.

Assim, os soros com anticorpos anti- tTG & EMA <10 I.U/ml. foram rotulados como negativos e aqueles com valores >10 I.U/ml. foram considerados positivos com base no protocolo dos fabricantes.

A gama de anticorpos anti-tTG IgA e IgA -EMA para os doentes com DC e para os grupos de controlo foi a seguinte

1- Doentes recém-diagnosticados com DC :

A- Anti - tTG IgA (15-70 I.U/ml.)

8- IgA-EMA (16-80I.U/ml.)

C- Anti - tTG IgG (2,0 - 9,0 I.U/ml.)

D - IgG -EMA (2,0 - 9,5 I.U/ml.)

2- Doente em dieta alimentar :

A - Anti - tTG IgA (1,0 - 8,0 I.U/ml.)

B-IgA- EMA (2,0 - 7,0 I.U/ml.)

C - Anti - tTG IgG (13-38 I.U/ml.)

D-IgG- EMA (12-40 LU/ml.)

3- - Grupo de controlo:

A-Anti-tTG IgA (0,7 - 5,0 I.U/ml.)

B-IgA-EMA (0,5-3,5I.U/ml.)

C-Anti- tTG IgG (0,4 - 3,8 I.U/ml.)

D - IgG -EMA (0,35 -2,5 I.U/ml.)

Foram caracterizados os seguintes grupos:

1- Grupo 1: Incluindo 50 doentes com DC recentemente diagnosticada (ND) com anti-tTG e EMA (IgA) seropositivos.

2- Grupo 2: 20 doentes com DC em dieta sem glúten (GFD).

3- Grupo 3: 20 indivíduos saudáveis, sem DC, com idade equivalente.

Os soros dos 3 grupos foram então submetidos aos seguintes parâmetros de teste:

1- IFN- γ(I.U/ml.)

2- IL-10 (Pg/ml.)

3- Anti-GAD IgG (I.U/ml.)

4- Anti- Rotavírus IgG (I.U/ml.)

2.2.1 <u>Materiais</u>

Tabela 2.1: Os kits e reagentes utilizados foram os seguintes

Kits	Empresa	País
IL-IOpor ELISA	Biotecnologia KOMABIOTECH	EUA
IFN - γ por ELISA	Biotecnologia KOMABIOTECH	EUA
Anticorpo antitransglutaminase tecidular (tTG) IgG e IgA por ELISA	Orgânico	Alemanha
Anticorpo anti-endomísio (EMA) IgG e IgA por ELISA	Orgânico	Alemanha
IgG anti-ácido glutâmico descarboxilase (GAD) por ELISA	EUROIMUNE	REINO UNIDO
Anticorpo anti - rotavírus IgG por ELISA	Biocheck, INC	EUA

2.2.2 <u>Equipamento e instrumentos</u>

Tabela 2.1: O equipamento e o instrumento utilizados foram os seguimentos

Equipamentos e instrumentos	Empresa	País
Seringa descartável	Morningside Pharmaceuticals Ltd	REINO UNIDO
Micropipeta (pipeta automática)	Marca	Alemanha
Centrífuga de bancada	NF	Turquia

Agitador de placas de microtitulação	TKA	Itália
Leitor ELISA de microplacas	DMN - 96O2A	Alemanha
Incubadora	Memmert 2OOO	Alemanha

2.3 <u>Métodos</u>

2.3.1 <u>Estimativa do nível sérico de IL -10 (O procedimento) :</u>

■ Todos os reagentes e amostras de soro foram levados à temperatura ambiente.

■ O padrão foi diluído a 200 pg/μ com água destilada. Em seguida, foram preparadas consecutivamente diluições em série do padrão (100, 50, 25, 12,5, 6,3 e 3,1 pg/ml) a partir do padrão original.

■ Os poços foram lavados duas vezes com tampão de lavagem diluído.

■ Pipetar 50 μ de tampão de ensaio para os poços de microtitulação adequados.

■ Foram pipetados no poço 50 μ de padrão, amostra do doente e grupos de controlo.

■ Foram adicionados a cada poço 50 μ de conjugado de biotina pronto a utilizar.

■ A placa foi coberta com película adesiva e incubada a 18- 25C^0 durante duas horas, com agitação a 100 rpm.

■ No final do tempo de incubação, a película adesiva foi removida e os poços foram lavados três ciclos com tampão de lavagem diluído.

■ Adicionou-se a cada poço 100 μ de conjugado estreptavidina-HRP diluído.

■ A placa foi coberta com película adesiva e incubada a 18- 25C^0 durante uma hora, com agitação a 200 rpm.

■ Após o fim do tempo de incubação, os poços foram lavados três ciclos com tampão de lavagem diluído.

■ Foram adicionados a cada poço 100 μ de solução de substrato de TMB pronta a utilizar.

■ Os poços foram incubados a 18-25C^0 durante 10 minutos no escuro.

■ Foram adicionados 50 µ de solução de paragem a cada poço.

■ A densidade ótica (D.O.) do conteúdo dos poços foi lida a (450nm) utilizando um leitor de placas de microtítulo no espaço de 30 minutos.

■ *A concentração de IL-10 das amostras desconhecidas e dos grupos de controlo foi calculada a partir da curva padrão (figura 2.1).*

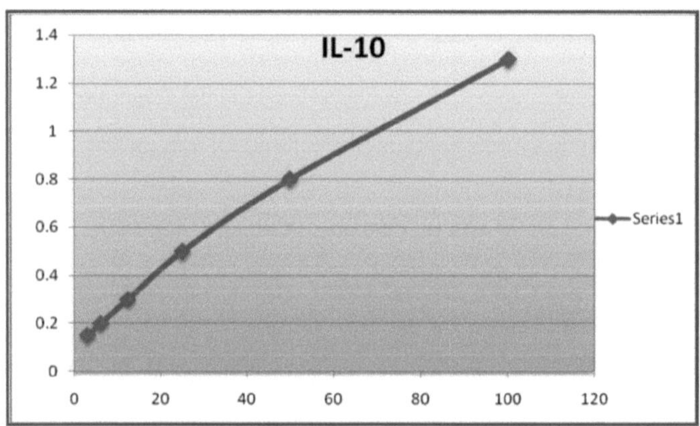

Figura 2.1 concentrações padrão de IL-IO (pg/ml.).

2.3.2 <u>Estimativa da concentração sérica de IFN-γ (o procedimento):</u>

■ Todos os reagentes e amostras de soro foram levados à temperatura ambiente.

■ O padrão foi diluído para 25 UI\ml com água destilada; foram preparadas consecutivamente diluições em série do padrão (6,25, 1,56, 0,39 e 0 UI\ml) a partir do padrão original.

■ Foram pipetados 50 µ de padrão, amostra do doente e grupos de controlo para os poços de microtitulação adequados.

■ A placa foi tapada e incubada a 18-25C^0 durante duas horas, com agitação.

■ Após o fim do tempo de incubação, os poços foram lavados três ciclos com tampão de lavagem diluído.

■ Os poços foram invertidos e secos com fita adesiva numa toalha de papel.

■ Foram adicionados a cada poço 50 µ de anticorpo biotinilado pronto a utilizar e 100 µ de conjugado estreptavidina-HRP também pronto a utilizar.

■ Os poços foram incubados a 18-25C^0 durante 30 minutos, com agitação, e depois repetiu-se o passo de lavagem.

■ Foram adicionados a cada poço 100 µ de substrato pronto a utilizar.

■ Os poços foram incubados a 18-25 C^0 durante 20 minutos, com agitação.

■ Foram adicionados 50 µ de solução de paragem a cada poço.

■ A absorvância [densidade ótica (D.O.)] do conteúdo dos poços foi lida a 450 nm num leitor de placas adequado.

■ A concentração de IFN-γ das amostras desconhecidas e dos grupos de controlo foi calculada a partir da curva padrão (figura 2.2).

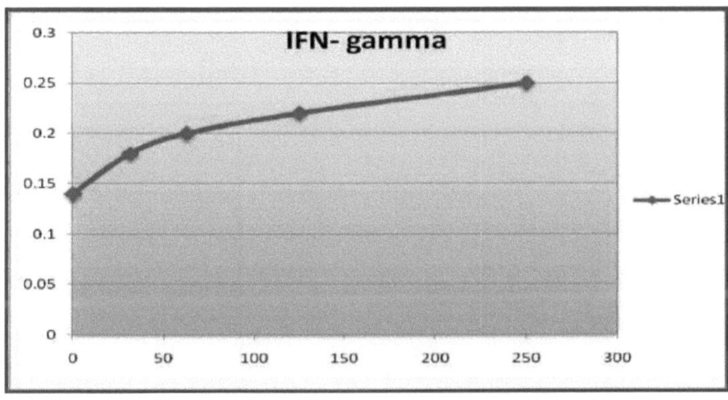

Figura 2.2 concentração padrão de IFN-γ (I·U/ml.).

2.3.3 Estimativa da IgG anti-ácido glutâmico descarboxilase (procedimento de GAD):

Todos os reagentes e amostras de soro foram levados à temperatura ambiente.

■ Foram pipetados 25 µ de padrão, amostra do doente e grupos de controlo para os poços de microtitulação adequados.

■ A placa foi incubada a 18-25C^0 durante 1 hora, com agitação a 500 rpm

■ Após o fim do tempo de incubação, os poços foram lavados três ciclos com tampão de lavagem diluído.

■ Foram adicionados a cada poço 100 μ de conjugado de E. pronto a utilizar.

■ Os poços foram incubados a 18-25C^0 durante uma hora, com agitação, e depois repetiu-se o passo de lavagem.

■ Foram adicionados a cada poço 100 μ de substrato pronto a utilizar (TMB).

■ Os poços foram incubados a 18-25 C^0 durante 20 minutos no escuro.

■ Foram adicionados 100 μ de solução de paragem a cada poço.

■ A absorvância [densidade ótica (D.O.)] do conteúdo dos poços foi lida a 450 nm num leitor de placas adequado.

■ A concentração de GAD nas amostras desconhecidas e nos grupos de controlo foi calculada a partir da curva padrão (figura 2.3).

- O valor de corte da IgG anti-GAD é de até 10 I.U/ml.

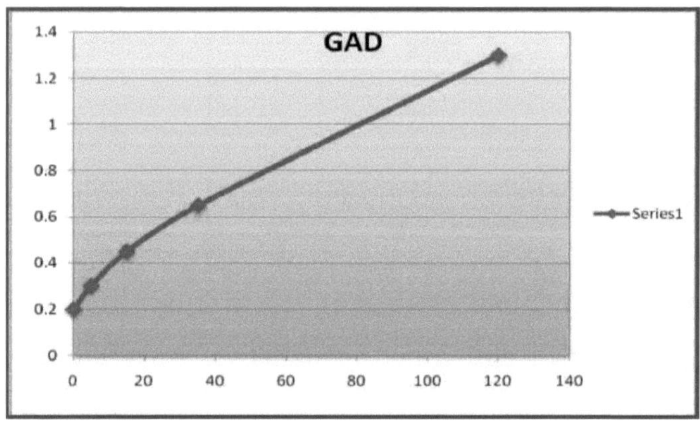

Figura 2.3 Concentração padrão de anti-GAD (I.U/ml.)

2.3.4 Estimativa dos anticorpos anti-transglutaminase tecidular e antiendomísio (tTG e EMA) para ambas as classes (IgG e IgA):

■ Todos os reagentes e amostras de soro foram levados à temperatura ambiente.

■ 10 µ de soro e padrão foram colocados no tubo de ensaio e, em seguida, foram adicionados 990 µ de diluentes.

■ 100 µ da mistura acima referida são colocados no poço.

■ Incubação à temperatura ambiente durante 30 minutos.

■ Após o fim do tempo de incubação, os poços foram lavados três ciclos com tampão de lavagem diluído.

■ Foram adicionados a cada poço 100 µ de conjugado de E. pronto a utilizar.

■ Incubação à temperatura ambiente durante 30 minutos.

■ Após o fim do tempo de incubação, os poços foram lavados três ciclos com tampão de lavagem diluído.

■ Foram adicionados a cada poço 100 µ de substrato pronto a utilizar (TMB).

■ Os poços foram incubados a 18-25 C^0 durante 15 minutos no escuro.

■ Foram adicionados 100 µ de solução de paragem a cada poço.

■ A absorvância [densidade ótica (D.O.)] do conteúdo dos poços foi lida a 450 nm num leitor de placas adequado.

■ A concentração de tTG e EMA das amostras desconhecidas e dos grupos de controlo foi calculada a partir da seguinte equação.

$$\text{Concentration of test (I.U/ml.)} = \frac{\text{O.D of test}}{\text{O.D of standard}} \times \text{Conc. Of standard}$$

■ O valor de corte de anti- tTG IgA e IgG é de até 10 I.U/ml.

■ O valor de corte de EMA IgA e IgG é de até 10 I.U/ml.

2.3.5 **Estimativa do anticorpo IgG anti-Rotavírus (o procedimento):**

• A diluição 1:40 das amostras de teste, o controlo negativo, o controlo positivo e o cut-off foram preparados adicionando 5 µ da amostra a 200 µ de diluentes de amostra e misturando durante 1 minuto.

• Distribuir 100 µ de soros diluídos, controlo e cut-off nos poços adequados e misturar durante 1 minuto.

- A placa foi incubada a 37 C^0 durante 30 minutos.

- No final do período de incubação, o líquido foi retirado dos poços. Os poços de microtitulação foram enxaguados e agitados 5 vezes com tampão de lavagem diluído.

- Distribuiu-se 100 µ de conjugado enzimático em cada poço e misturou-se suavemente durante 1 minuto.

- A placa foi incubada a 37 C^0 durante 30 minutos.

- No final do período de incubação, o conjugado enzimático foi removido dos poços. Os poços de microtitulação foram enxaguados e agitados 5 vezes com tampão de lavagem diluído.

- Distribuir 100 µ de regente TMB em cada poço e misturar suavemente durante 1 minuto.

- A placa foi incubada a 37 C^0 durante 15 minutos.

- Foram adicionados 100 µ de solução de paragem (1N HCL) para parar a reação

- A leitura do D.O. foi efectuada a 450 nm no espaço de 15 minutos.

- A concentração de rotavírus foi obtida através da seguinte equação.

D.O. do teste < D.O. do valor de corte = Negativo.

D.O. do teste > D.O. do valor de corte = Positivo.

* O valor de corte da IgG anti-rotavírus é de até 1,0 U.I./ml.

2.3.6 **Estimativa do IMC Kg/m^2 de acordo com a seguinte equação :**

$$BMI\ (Kg/m^2) = \frac{Weight\ (Kg)}{Height\ (m^{2)}}$$

Categorias de IMC :

Baixo peso (< 18,5 Kg/m)^2

Intervalo normal (18,5 - 24,99 Kg/m)^2

Excesso de peso (≥ 25 Kg/m$)^2$

Obeso   (≥ 30 Kg/m$)^2$

2.4 <u>Análise estatística</u>

A análise dos dados foi efectuada com recurso ao software estatístico (SPSS) versão 17, tendo sido aplicados vários critérios estatísticos aos dados fornecidos.

O teste de Student independente, o teste t e a análise de variância de uma via foram usados para testar a diferença significativa entre os tratamentos, enquanto o teste de Duncan foi aplicado como teste de comparação múltipla e $P < 0,05$ foi definido como nível significativo e $P < 0,01$ como altamente significativo.

O coeficiente de correlação de Pearson foi utilizado para determinar o grau de correlação entre as variáveis.

Todos os dados foram apresentados como média $\pm$ desvio padrão S.D. ou valores percentuais (Sorlie, 1995).

Capítulo III. Resultados

3.   Resultados

3.1 . Características demográficas do subconjunto de doentes com DC { Recém-diagnosticados (ND) & Dieta sem glúten (GFD) }

Figure 3.1   Assim, nos casos ND, 56% eram crianças, enquanto 44% eram adultos. Nos doentes com GFD, as crianças e os adultos constituem 30% e 70%, respetivamente.

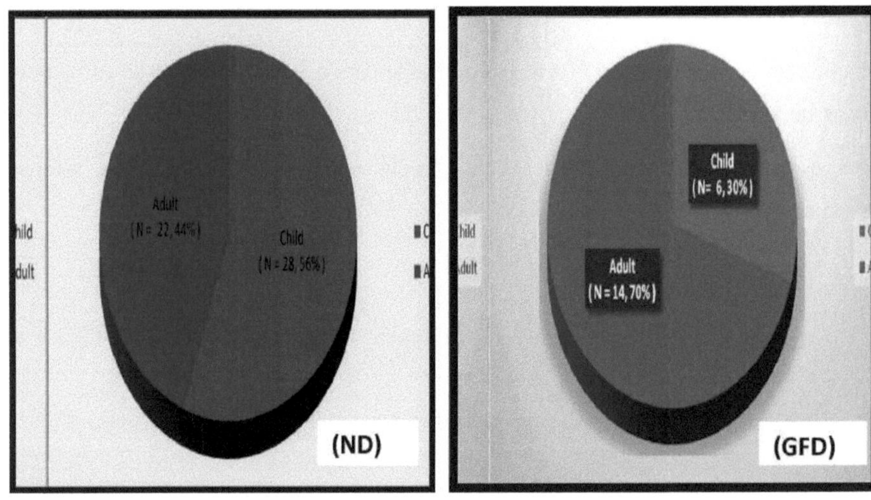

Figura 3.1: Comparação entre os grupos etários dos pacientes com DC ND e GFD.

Figure 3.2   mostra a distribuição do número e da percentagem de homens e mulheres com DC ativa e de doentes em GFD. Assim, nos casos de DC ativa, os homens e as mulheres constituem 36% e 64%, respetivamente; entretanto, nos doentes em GFD, 30% e 70% são homens e mulheres, respetivamente.

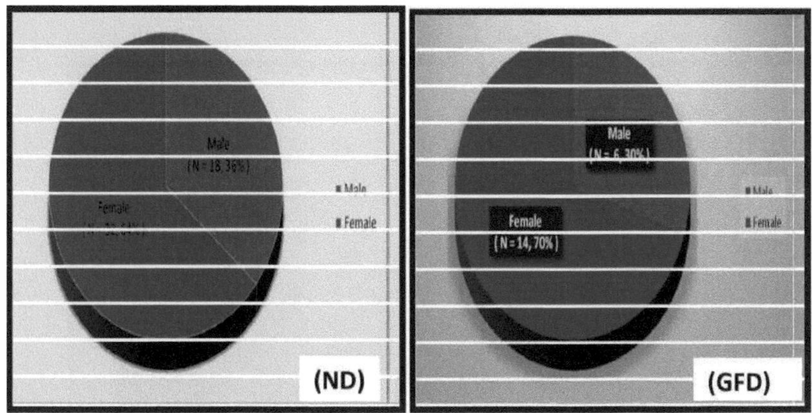

Figura 3.2: Comparação entre os géneros dos doentes com DC ND e GFD.

Figure 3.3   clarificar a comparação entre o IMC dos doentes com doenças crónicas e dos doentes com dieta alimentar. Nos doentes com doenças crónicas, 54% estavam abaixo do peso; entretanto, 50% dos doentes com dieta gastrointestinal *estavam abaixo do peso.*

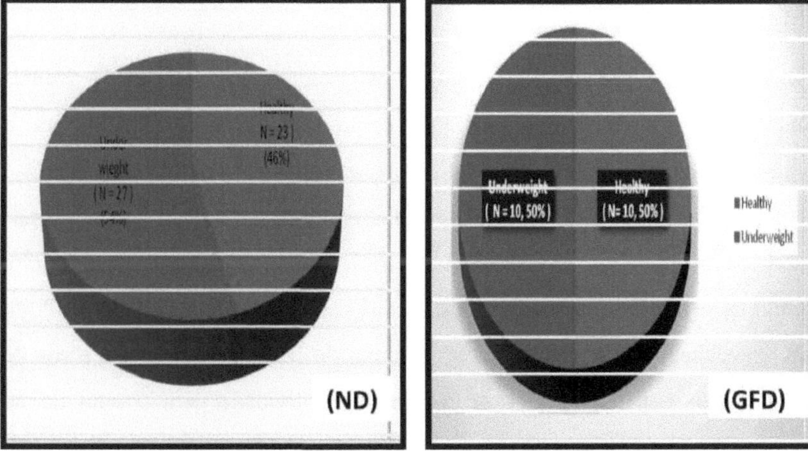

Figura 3.3: Comparação entre os grupos de IMC dos pacientes com DC ND e GFD.

Figure 3.4   mostram a coexistência de outras doenças auto-imunes tanto em doentes com doença renal como em doentes com dieta rica em glúten. Assim, 14% dos doentes com DC tinham história de T1DM; entretanto, 10% dos doentes com GFD tinham história de tirodite.

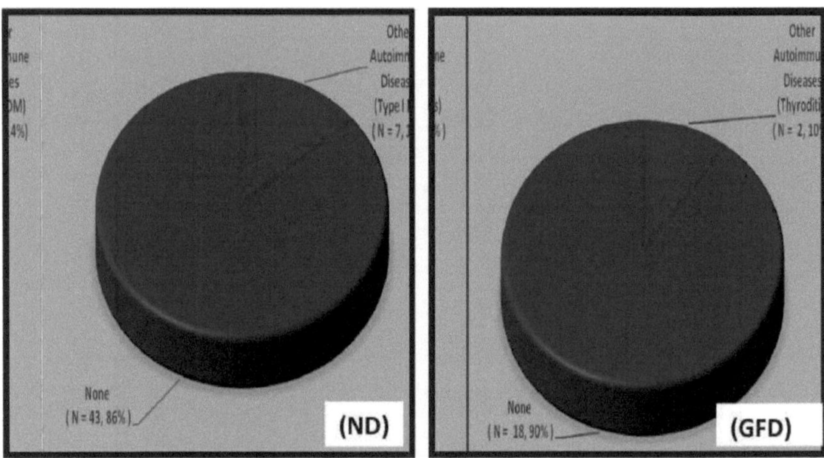

Figura 3.4: Comparação entre outros grupos de doenças auto-imunes entre pacientes com DC ND & GFD.

3.2 A frequência da seropositividade anti-tTG , EMA (IgA, IgG) entre os doentes com suspeita clínica de DC .

A Tabela 3.1 mostra a frequência dos parâmetros testados num total de 330 doentes diagnosticados clinicamente como DC. O parâmetro testado utilizado para o diagnóstico laboratorial da DC incluiu anticorpos anti-tTG e EMA das classes IgA e IgG. Assim, 50/330 (15,1 %) dos soros testados revelaram seropositividade apenas para anticorpos da classe IgA anti-tTG & IgA - EMA acima do valor de corte padrão. Em alternativa, os soros testados para a classe de anticorpos anti-tTG & EMA da classe IgG revelaram resultados negativos (abaixo do nível de corte). Os soros de controlo saudáveis testados revelaram uma sero-negatividade para o total de 20 indivíduos examinados para anti-tTG & EMA de ambas as classes IgA & IgG.

Tabela 3.1: Frequência da seropositividade anti - tTG (IgA, IgG) e EMA (IgA, IgG) em doentes com suspeita clínica de DC.

Parâmetros testados	Suspeita de DC (N.º = 330)		Controlo saudável (N.º = 20)	
	Não.	%	Não.	%

Anti - tTG IgA seropositivo	50	15.1	0	0
Anti - tTG IgG seropositivo	0	0	0	0
IgA-EMA seropositivo	50	15.1	0	0
IgG - EMA seropositivo	0	0	0	0

3.3 <u>Intervalo de concentração sérica de IgA anti-tTG & IgA- EMA entre doentes com DC recentemente diagnosticados.</u>

A tabela 3.2 e a figura 3.5 mostram a distribuição da concentração de anti-tTG & EMA da classe IgA entre os doentes com DC ativa ou recentemente diagnosticada. Assim, 36% e 34% eram seropositivos para IgA anti-tTG & EMA numa concentração sérica de (20-29 I.U/ml.) respetivamente.

Entretanto, num intervalo de (10,1 - 19, 30 - 39 & 40 - 49 I.U/ml.), a distribuição percentual para IgA anti-tTG foi de 22%, 22% & 10%, respetivamente. A distribuição percentual para IgA - EMA foi de 18%, 24% e 16% na concentração (10,1 - 19, 30 - 39 & 40 - 49 I.U/ml.) respetivamente. Na concentração sérica (80 - 89 U.I/ml.) apenas 4% foram seropositivos para o anticorpo IgA -EMA, enquanto nenhum caso de DC revelou a mesma concentração para o anticorpo IgA anti-tTG, aumentando assim a sensibilidade do IgA -EMA entre os casos de DC.

Tabela 3.2: Distribuição da concentração sérica de IgA anti -tTG e IgA - EMA entre os doentes com DC recentemente diagnosticados.

Intervalo de concentração no soro	Recém-diagnosticados (ND) = 50			
	Anti- tTG (IgA)		IgA-EMA	
	Não.	%	Não.	%
10.1-19	11	22	9	18
20-29	18	36	17	34
30-39	11	22	12	24
40-49	5	10	8	16
50-59	2	4	1	2

60-69	2	4	1	2
70-79	1	2	0	0
80-89	0	0	2	4
Total	50	100	50	100

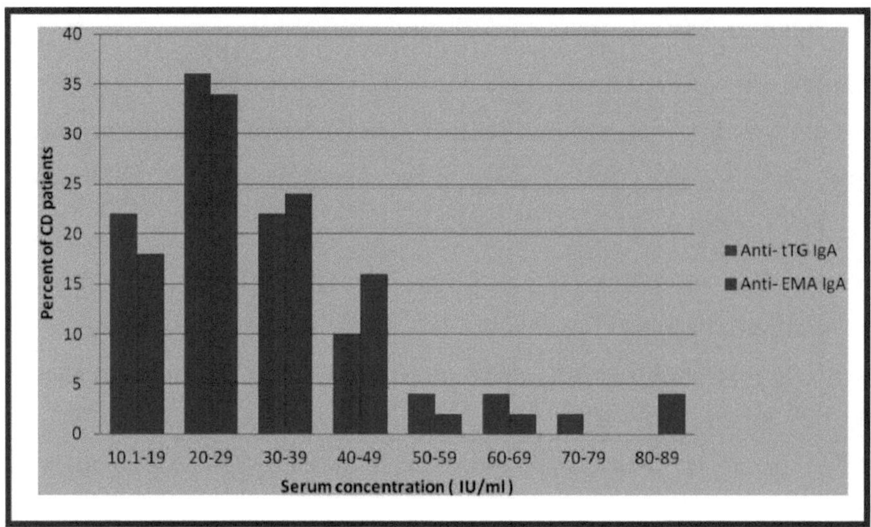

Figura 3.5: Distribuição de IgA anti -tTG e IgA - EMA no soro de doentes com DC recentemente diagnosticados.

3.4 Concentração sérica média de anti -tTG & EMA (IgA , IgG) entre os subgrupos da DC e o grupo de controlo.

A tabela 3.3 e a figura 3.6 ilustram a concentração média das classes anti-tTG e EMA (IgA e IgG) entre o subgrupo da DC e o grupo de controlo. Assim, foi observada uma diferença altamente significativa entre a concentração média de anti-tTG (IgA) em doentes recém-diagnosticados e em doentes com GFD. (30,3 ± 12,55 vs 3,75 ± 1,88), respetivamente. Os mesmos resultados são válidos para a IgA -EMA entre os doentes recém-diagnosticados e os doentes com GFD (32,18 ± 14,75 vs 3,9 ± 1,71), respetivamente.

A concentração sérica da classe anti-tTG (IgG) entre os doentes recém-diagnosticados e os doentes com GFD revelou uma diferença e um aumento altamente significativos de 4,62 ± 2,23 para 21 ± 6,61. Entretanto, foi observada a mesma diferença significativa e elevação para a IgG -EMA entre os doentes recém-diagnosticados e os doentes com GFD, de 4,9 ± 2,14 para 21,05 ± 5,04.

A concentração média das classes IgA e IgG testadas para ambos os anticorpos anti-tTG e EMA entre o controlo e os casos de DC recentemente diagnosticados revelou uma diferença altamente significativa (P<0,01); entretanto, não se observou qualquer diferença significativa entre a concentração sérica média de anticorpos anti-tTG IgA e IgA-EMA entre os doentes em GFD e o controlo (3,75 ± 1,88 vs 1,99 ± 1,20 e 3,9 ± 1,71 vs 1,45 ± 0,89) respetivamente.

Tabela 3.3: Concentração sérica média das classes de anticorpos anti - tTG e EMA (IgA, IgG) no subgrupo da DC e no grupo de controlo

Testado	ND = 50		GFD= 20		Controlo = 20		
Parâmetros (I.U/ml.)	Média	SD	Média	SD	Média	SD	Valores de P
Anti - tTG IgA	30.3 b	12.55722	3.75 a	1.88833	1.995 a	1.20502	P < 0.01
Anti - tTG IgG	4.62 b	2.23962	21 c	6.61736	1.655 a	.94561	P < 0.01
IgA-EMA	32.18 b	14.57660	3.9 a	1.71372	1.4565 a	.89269	P < 0.01
IgG-EMA	4.9 b	2.14047	21.05 c	5.04167	1.5175 a	.84063	P < 0.01

- Letras iguais significam que não há diferença significativa

- Letras diferentes significam diferença significativa

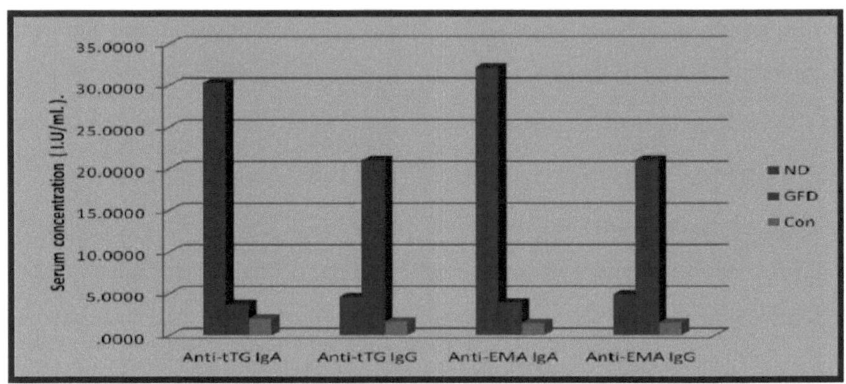

Figura 3.6: Concentração sérica média das classes de anticorpos anti - tTG e EMA (IgA, IgG) no subgrupo da DC e no grupo de controlo

3.5 <u>Concentração sérica da citocina testada IFN-γ & IL-IO no subgrupo CD e no grupo de controlo,</u>

A tabela 3.4 e a figura 3.7 ilustram a concentração sérica média das citocinas pró-inflamatórias **IFN-γ** e anti-inflamatórias IL-IO no subgrupo da DC e no grupo de controlo. Em doentes com DC recentemente diagnosticados; doentes em GFD e controlo, a concentração de **INF-γ** foi (1,76 ± 2,97, 5,84 ± 2,3 & 2,24 ± O,99) respetivamente. Do ponto de vista estatístico, foram observados resultados altamente significativos (P<O.O1) entre os subgrupos de doentes com DC testados e o grupo de controlo (recém-diagnosticados vs GFD; ND vs controlo & GFD vs controlo). Os mesmos resultados são válidos para a IL-1O, em que foram observados resultados altamente significativos do ponto de vista estatístico entre os subgrupos de doentes com DC testados e o grupo de controlo. Assim, os doentes com DC ativa e os que estão a fazer dieta alimentar revelaram uma diferença altamente significativa entre ND vs GFD, ND vs controlo & GFD vs controlo (15,23 ± 3,14 vs 12,19 ± 4,15; 15,23 ±3,14 vs 8,16 ± 1,9O ; 12,19 ±4,15 vs 8,16 ± 1,9O) respetivamente.

Tabela 3.4: Concentração sérica média de IFN - γ & IL -IO entre o subgrupo CD e o grupo de controlo.

	ND = 50	GFD = 20	Con = 20	Valores de P

Citocina	Con. média	SD	Con. média	SD	Con. média	SD	
IFN - γ (I,U/ml.)	10.7640 [c]	2.96784	5.8400 [b]	2.29517	2.2400 [a]	.98963	P < 0.01
IL -10 (pg/ml.)	15.3180 [c]	3.13952	12.1850 [b]	4.14669	8.1600 [a]	1.89692	P < 0.01

* Letras iguais significam que não há diferença significativa

* Letras diferentes significam diferença significativa

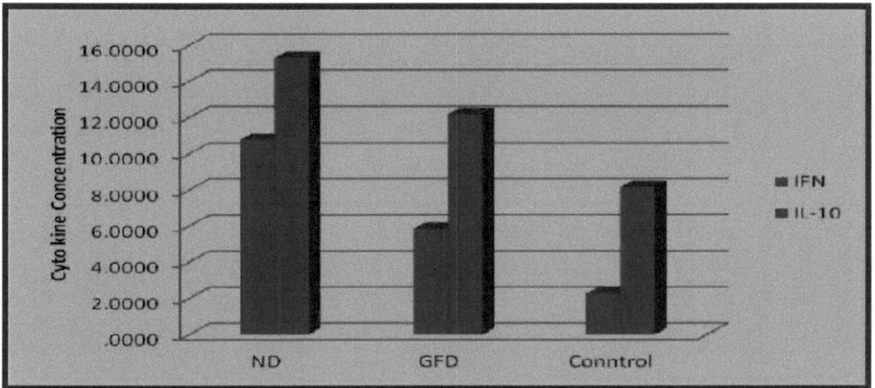

Figura 3.7: Concentração sérica média de IFN - γ & IL -10 entre o subgrupo CD e o grupo de controlo.

3.6 Concentração sérica da citocina testada de acordo com a idade entre os grupos de participantes.

As figuras 3.8 e 3.9 da Tabela 3.5 descrevem o efeito da idade ≤ 18 e > 18 anos na concentração sérica de ambas as citocinas IFN-γ e IL-10 entre o subgrupo da DC e o grupo de controlo. Os resultados não revelaram qualquer diferença estatisticamente significativa na concentração média de IFN-γ nos três grupos estudados, nomeadamente doentes recém-diagnosticados com GFD e controlo (P=0,903, 0,546 e 0,239), respetivamente. O mesmo resultado é válido para a IL-10, em que as crianças ≤18 e > 18 anos não revelaram qualquer diferença estatisticamente significativa no grupo de doentes com diagnóstico recente (P=0,496), no grupo de doentes com dieta rica em glúten (P=0,912) e no grupo de controlo (P=0,738) para a concentração sérica média da citocina anti-inflamatória testada.

Tabela 3.5: Concentração sérica média de IFN-γ e IL-10 no grupo estudado, de

acordo com a idade.

Grupos estudados	IFN - γ					IL-10				
	Criança < 18 anos		Adulto > 18 anos			Criança < 18 anos		Adulto > 18 anos		
	Con. Média	SD	Con. Média	SD	Valor P	Con. Média	SD	Con. Média	SD	Valor P
ND = 50	10.7179	2.51426	10.8227	3.52392	.903	15.1750	3.02148	15.5000	3.34650	.496
GFD = 20	7.2000	2.40416	5.2571	2.06312	.546	13.3333	3.65605	11.6929	4.37272	.912
Controlo= 20	2.7200	.67626	1.7600	1.04796	.239	8.8100	1.87228	7.5100	1.77542	.738

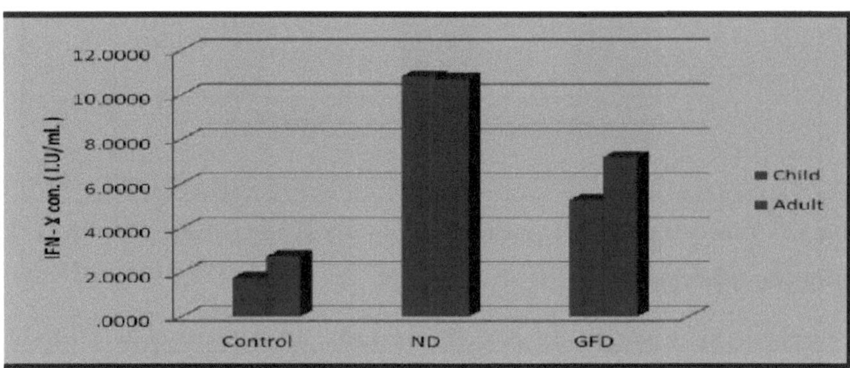

Figura 3.8: Concentração sérica média de IFN - γ no grupo estudado de acordo com a idade.

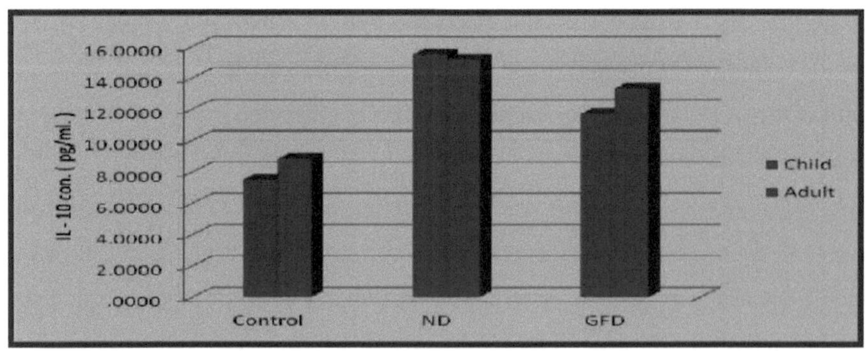

Figura 3.9: Concentração sérica média de IL - 10 no grupo estudado, de acordo com a idade.

3.7 Concentração sérica da citocina testada IFN-γ & IL-IO de acordo com o género.

A Tabela 3.6, figuras 3.10 e 3.11, mostra o papel do género na concentração sérica de IFN-γ e IL-10 entre os subgrupos de DC e o grupo de controlo. Os resultados não revelaram qualquer diferença estatisticamente significativa entre homens e mulheres para ambas as citocinas IFN-γ e IL-10 entre os subgrupos de DC e o grupo de controlo (P= 0,39, 0,07, 0,57 entre ND, GFD e controlo para IFN-γ, respetivamente). Para IL-10 (P=0,37, 0,45 e 0,45 entre os grupos ND, GFD e controlo, respetivamente).

Tabela 3.6: Concentração sérica média de IFN - γ & IL - IO entre o subgrupo CD e o grupo de controlo, de acordo com o sexo.

Grupos estudados	IFN - γ					IL -10				
	Masculino		Feminino			Masculino		Feminino		
	Con. Média	SD	Con. Média	SD	Valor P	Con. média	SD	Con. média	SD	Valor P
ND = 50	11.2500	3.07365	10.4906	2.92016	0.39	15.8500	2.69231	15.0188	3.36868	0.37
GFD = 20	7.2333	1.92735	5.2429	2.23390	0.074	13.2833	5.97676	11.7143	3.25526	0.45
Controlo = 20	2.1100	.94687	2.3700	1.06463	0.57	7.8300	1.96472	8.4900	1.86931	0.45

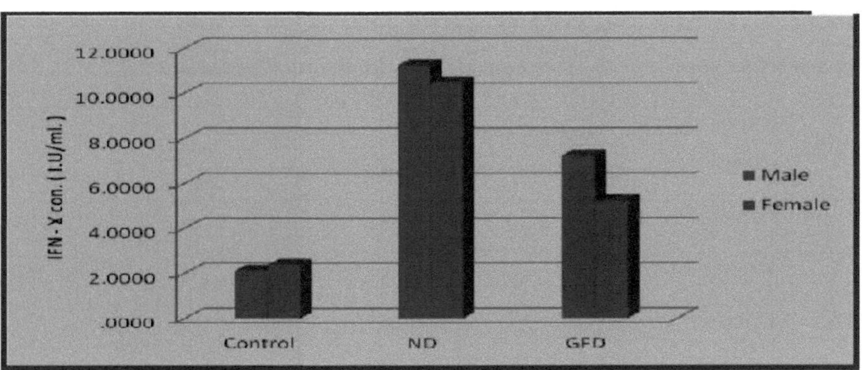

Figura 3.1O: Concentração sérica média de IFN - γ entre o subgrupo CD e o

grupo de controlo, de acordo com o sexo.

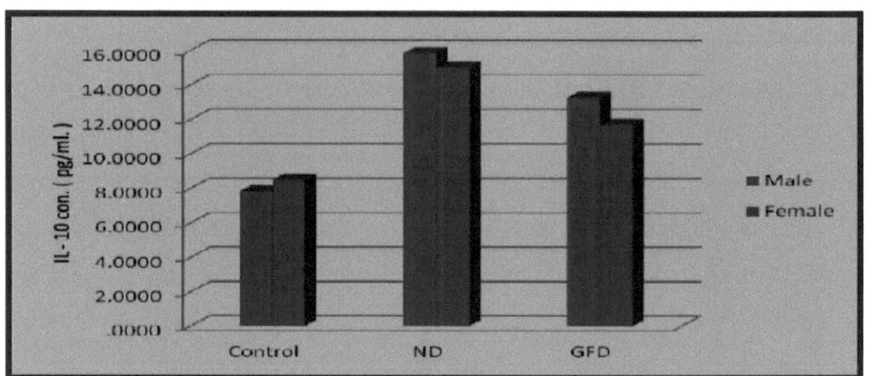

Figura 3.11: Concentração sérica média de IL-10 no subgrupo da DC e no grupo de controlo, de acordo com o sexo.

3.8 <u>Concentração sérica deIFN - γ & IL-10 de acordo com a apresentação clínica em doentes com DC ativa.</u>

A tabela 3.7 e a figura 3.12 descrevem a concentração sérica de IFN-γ e IL-IO em doentes com DC recentemente diagnosticados, de acordo com o modo de apresentação clínica. O resultado não revelou diferenças estatisticamente significativas entre a média de IFN -γ & IL-1O para ambos os tipos de apresentação clínica (1O,8 ± 2,53 vs 1O,7 ± 3,4, P= O,925 para **IFN-γ**) & (15,2 ± 2,2 vs 15,3 ± 3,15, P= O,89 para ILIO) respetivamente.

Tabela 3.7: Concentração sérica de IFN - γ & IL - 10 de acordo com o modo de apresentação clínica em doentes com DC recentemente diagnosticados.

Citocina	Apresentação clínica	Não.	Con. Média	SD	P - valor
IFN- γ	Clássico	25	10.80	2.53	.925
	Não clássico	25	10.72	3.40	
IL-10	Clássico	25	15.26	3.20	.898
	Não clássico	25	15.38	3.15	

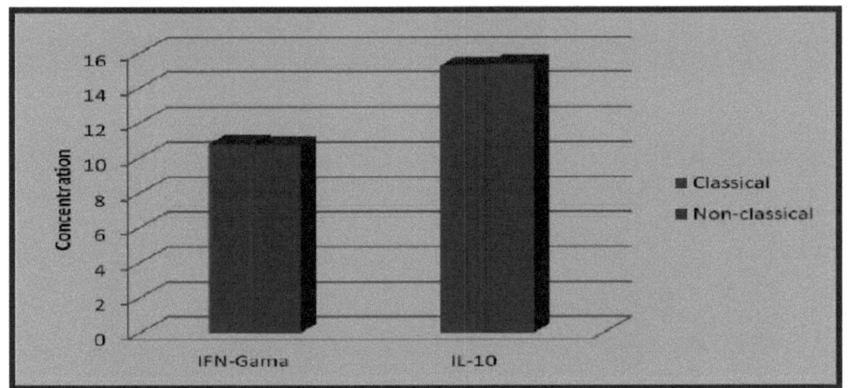

Figura 3.12: Concentração sérica de IFN - γ & IL - 10 de acordo com o modo de apresentação clínica em doentes com DC recentemente diagnosticados.

3.9 Concentração sérica de IFN-γ e IL-10 de acordo com a duração da doença em doentes com DC em GFD.

Tabela 3.8 figura 3.13: mostra o efeito da duração da dieta sem glúten (≤ 3 anos & > 3 anos) & na concentração sérica de ambas as citocinas **IFN-γ** & IL-10. O resultado não revelou nenhum efeito estatisticamente significativo do **IFN-γ** em pacientes com duração ≤ 3 anos e > 3 anos (P=0,334). Entretanto, foi observada uma elevação estatisticamente significativa da IL-10 em doentes com GFD > 3 anos (P=0,035).

Tabela 3.8: Concentração sérica média de IFN - γ & IL - 10 em pacientes com DC em GFD de acordo com a duração.

Grupos	≤ 3 anos de GFD N.º = 11		> 3 anos de GFD N.º = 9		
Citocinas	Média	SD	Média	SD	Valores P
IFN - γ	5.4	2.3	6.3	2.2	.334
IL -10	10.4	2.6	14.3	4.8	.035

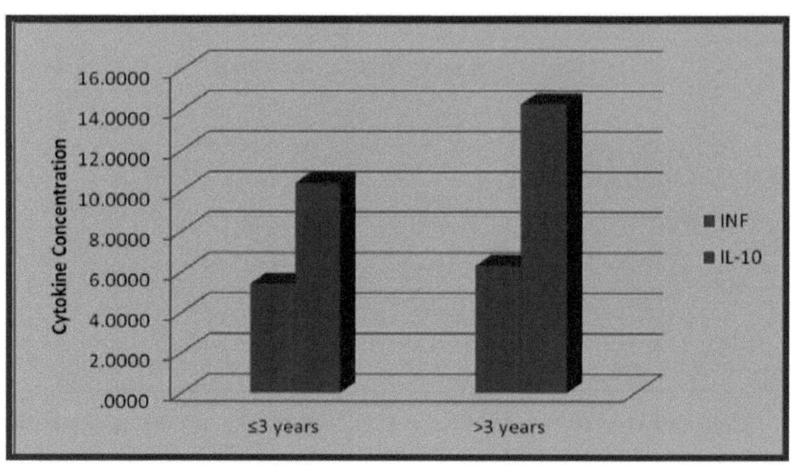

Figura 3.13: Concentração sérica média de IFN - γ & IL -10 em doentes com DC em GFD de acordo com a duração.

3.10 Frequência de IgG anti-GAD entre os doentes com subgrupo de DC.

A tabela 3.9 e a figura 3.14 mostram a frequência do anticorpo anti-GAD (IgG) entre o subgrupo de doentes com DC estudado e o grupo de controlo. Assim, 14%, 10% e 0% foram seropositivos para o auto-anticorpo anti-GAD (IgG) em doentes recém-diagnosticados, doentes em GFD e ND.

Tabela 3.9: Frequência do autoanticorpo anti-GAD (IgG) em doentes com DC e no grupo de controlo

Parâmetro		ND = 50	GFD = 20	Controlo = 20
Anti-GAD	Número	7	2	0
(IgG) +ve	Percentagem	14 %	10 %	0 %

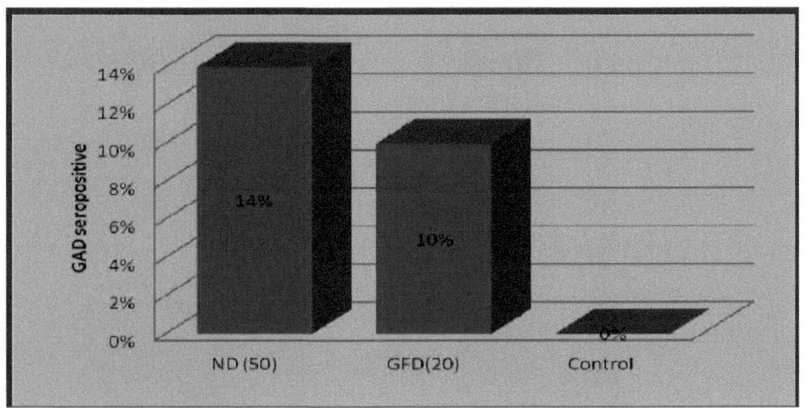

Figura 3.14: Frequência do auto-anticorpo anti-GAD (IgG) em doentes com DC e no grupo de controlo.

3.11 Perfil sérico de IFN-γ e IL-10 em doentes com DC seropositivos para o auto-anticorpo IgG anti-GAD.

A Tabela 3.10, a Figura 3.15 e a Figura 3.16 ilustram a concentração sérica média de IFN-γ e IL-10 entre o subconjunto da DC seropositivo para o auto-anticorpo anti-GAD (IgG). Assim, entre os casos de DC recentemente diagnosticados, não foi observado qualquer resultado estatisticamente significativo para ambas as citocinas em seropositivos e seronegativos para o auto-anticorpo anti-GAD (P= 0,72 e 0,229, respetivamente).

Por outro lado, tanto a concentração sérica de IFN-γ como a de IL-10 revelaram um resultado significativo nos seropositivos e negativos anti-GAD (P = 0,036 e P <0,01 para IFN-γ e IL-10, respetivamente).

Tabela 3.10: Concentração sérica média de IFN-γ e IL-10 entre o subgrupo da DC seropositivo para anti-GAD (IgG).

Citocina		ND = 50			GFD = 20		
		Anti - GAD +ve (7)	Anti - GAD -ve (43)	valor p	Anti -GAD +ve (2)	Anti - GAD -ve (18)	valor p
IFN-γ	Concentração	10.3857	10.8256	.720	9.0000	5.4889	.036

	média						
	SD	2.78054	3.02388		1.41421	2.11295	
IL-10	Concentração média	16.4714	15.1302	.229	21.0000	11.2056	<0.01
	SD	2.63610	3.20138		1.41421	2.99047	

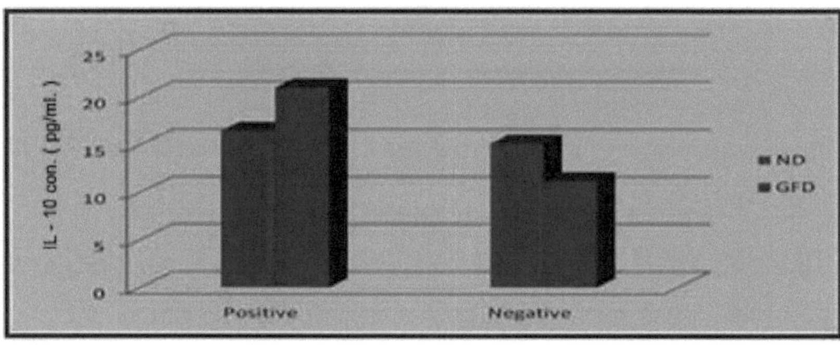

Figura 3.15: Concentração sérica média de IL -10 entre o subgrupo de DC seropositivos para anti - GAD (IgG).

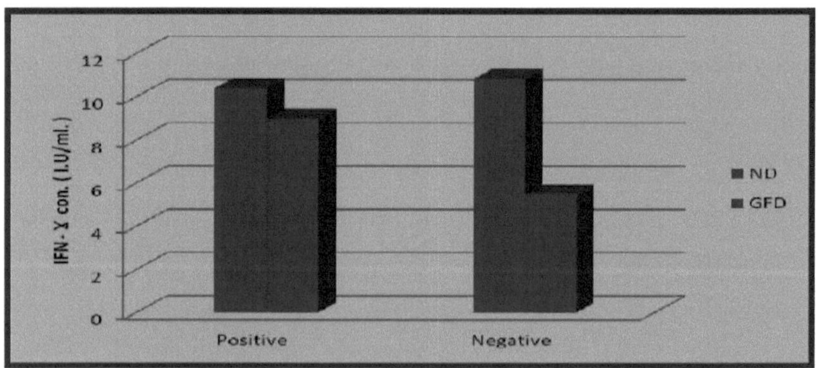

Figura 3.16: Concentração sérica média de IFN-γ entre o subgrupo de DC seropositivo para anti-GAD (IgG).

3.12. Prevalência de IgG anti-Rotavírus entre os subgrupos de DC.

A tabela 3.1 e a figura 3.17 ilustram a seroprevalência do anticorpo anti-Rotavírus (IgG) no subgrupo da DC e no grupo de controlo. Assim, nos casos de DC ativa, os doentes em GFD e o grupo de controlo revelaram uma seropositividade de 22%, 10% e 0%, respetivamente.

Tabela 3.11: Sero - prevalência de anti - rotavírus (IgG) entre o subgrupo CD e o grupo de controlo.

Anti - Rotavírus (IgG) +ve		ND = 50	GFD = 20	Controlo = 20
	Número	11	2	0
	Percentagem	22 %	10 %	0 %

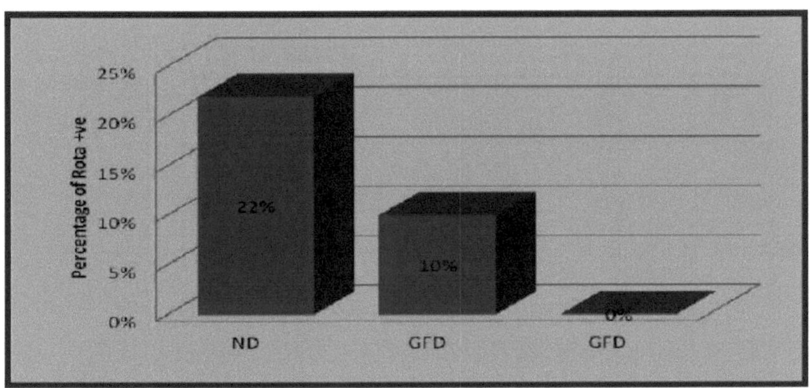

Figura 3.17: Prevalência serológica de anti - rotavírus (IgG) entre o subgrupo CD e o grupo de controlo.

3.13. <u>Concentração sérica de anti-tTG IgA & IgA - EMA entre o subconjunto de doentes com DC seropositivos para o anticorpo IgG anti-rotavírus.</u>

A tabela 3.12, figuras 3.18 e 3.19, esclarece que a concentração sérica de anticorpos anti-tTG (IgA) e EMA (IgA) é seropositiva para o subconjunto da DC e seronegativa para o anticorpo anti-Rotavírus (IgG). Nos casos de DC recentemente diagnosticados, os resultados não revelaram qualquer resultado estatisticamente significativo entre a concentração média de anticorpos anti-tTG (IgA)

EMA (IgA) entre os casos de DC seropositivos e seronegativos para o anticorpo anti-

Rotavírus (IgG) {30,3 ± 13,24 vs 30,27 ±10,2 para anti-tTG & 32,41 ± 15,71 vs 31,36 ± 9,70 para IgA - EMA respetivamente}.

O mesmo resultado é válido para os casos de DC em GFD, em que não foi detectado qualquer resultado estatisticamente significativo entre os seropositivos e negativos para o anti-Rotavírus (IgG) sujeitos à estimativa de IgA anti-tTG e EMA (P= 0,337 e 0,223, respetivamente).

Tabela 3.12: Concentração sérica média de anticorpos anti - tTG IgA & IgA - EMA no subgrupo CD seropositivo e negativo para anti - Rotavírus (IgG).

parâmetros	ND = 50					GFD = 20				
	Rota +ve N = 11		Rota -ve N = 39		Valores P	Rota +ve N = 2		Rota -ve N = 18		Valores de p
	Con. Média	SD	Con. Média	SD		Con. Média	SD	Con. Média	SD	
IgA anti-tTG	30.3077	13.24497	30.2727	10.29651	0.994	3.8889	1.93691	2.5000	.70711	0.337
IgA anti-EMA	32.4103	15.77760	31.3636	9.70848	0.836	4.0556	1.73111	2.5000	.70711	0.223

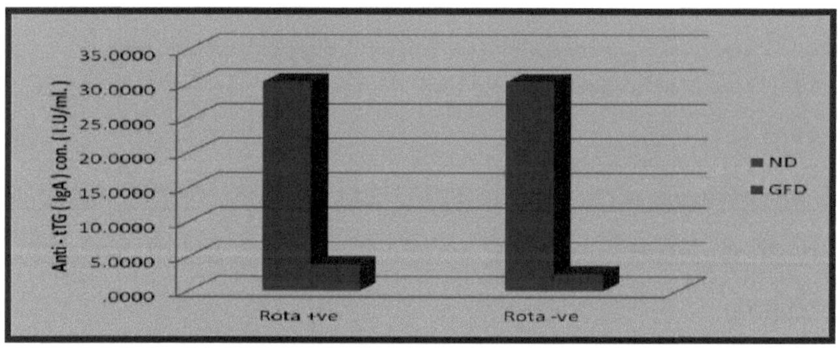

Figura 3.18: Concentração sérica média do anticorpo anti - tTG (IgA) no subgrupo CD seropositivo e negativo para anti - Rotavírus (IgG).

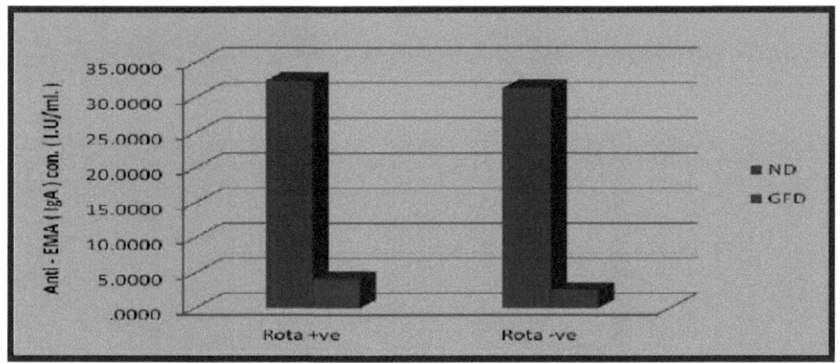

Figura 3.19: Concentração sérica média de anticorpos IgA - EMA no subgrupo CD seropositivo e negativo para anti-Rotavírus (IgG).

3.14. <u>Concentração sérica de IFN-γ & IL-10 entre os pacientes do subconjunto CD soropositivos para anticorpo IgG anti-rotavírus.</u>

A tabela 3.13 e as figuras 3.20 e 3.21 ilustram a concentração sérica média de **IFN-γ** e IL-10 entre o subconjunto de doentes com DC seropositivos e negativos para anticorpos anti-rotavírus (IgG). Assim, em doentes com DC recentemente diagnosticados, a concentração sérica média de **IFN-γ** em seropositivos e seronegativos para anti-rota (IgG) não revelou resultados estatisticamente significativos (10,84 ± 3,2 vs 10,46 ± 1,98, P=0,708). O mesmo resultado é válido para a IL-10 (15,48 ± 3,1 vs 14,7 ± 3,03, P=0,472). Os doentes em GFD, seropositivos para anti-rota (IgG) e seronegativos não revelaram resultados estatisticamente significativos para **IFN-γ** e IL-10 (P= 0,506, P= 0,124, respetivamente).

Tabela 3.13: Concentração sérica média de IFN-γ e IL-10 entre os subgrupos da DC seropositivos e negativos para anticorpos anti-rotavírus (IgG).

	ND = 50					GFD = 20				
	Rota +ve N = 11		Rota -ve N = 39		Valores de P	Rota +ve N = 2		Rota -ve N = 18		Valores de P
Citoquenos	Média Con.	SD	Média Con.	SD		Média Con.	SD	Média Con.	SD	

| IFN-γ | 10.8487 | 3.20779 | 10.4636 | 1.98256 | .708 | 5.7222 | 2.30563 | 6.9000 | 2.68701 | .506 |
| IL-10 | 15.4897 | 3.18539 | 14.7091 | 3.03594 | .472 | 11.7056 | 4.06440 | 16.5000 | 2.12132 | .124 |

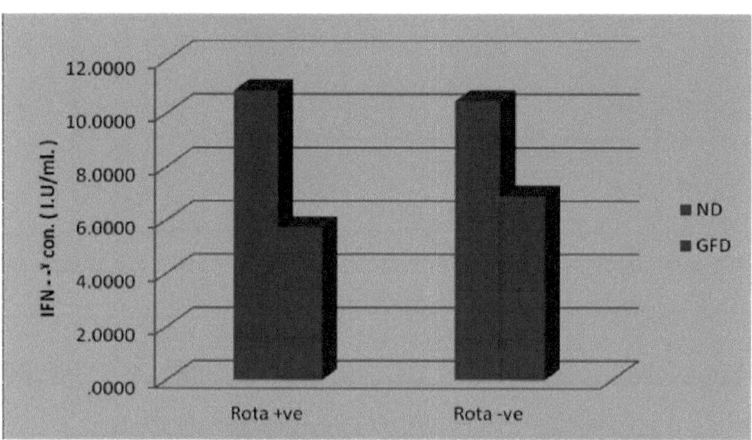

Figura 3.20: Concentração sérica média de IFN-γ entre o subgrupo CD seropositivo e negativo para anticorpos anti-rotavírus (IgG)

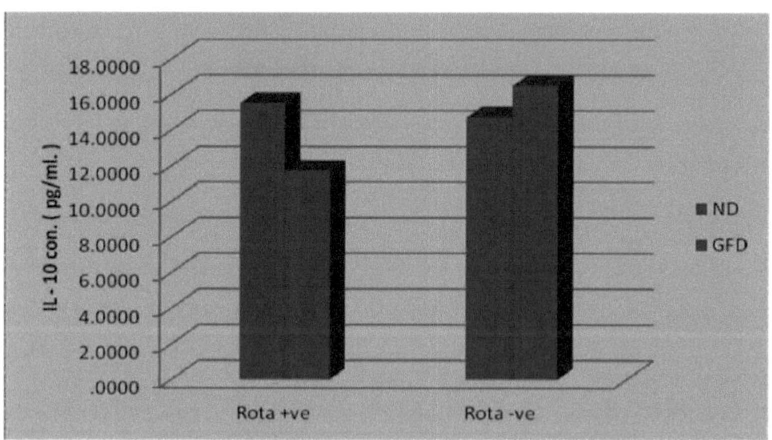

Figura 3.21: Concentração sérica média de IL-10 entre os subgrupos de DC seropositivos e negativos para anticorpos anti-rotavírus (IgG)

3.15. Correlação entre IgA anti-tTG, IgA - EMA e IFN-γ IL-10 entre o subgrupo de DC recentemente diagnosticado.

A Tabela 3.14 delineia a correlação entre a concentração sérica de IgA anti-tTG, IgA

- EMA & citocinas pró-inflamatórias **IFN-γ** , anti-inflamatórias IL-10 em doentes com DC recentemente diagnosticados. Foi observada uma correlação estatisticamente significativa entre a variável dependente, nomeadamente o anti-tTG IgA, e a variável independente, a citocina IL-10 (P=0,025).

Tabela 3.14: Correlação entre anti - tTG IgA, IgA - EMA & IFN -γ, IL -10 em doentes com DC recentemente diagnosticados.

Variáveis dependentes	Variáveis independentes			
	IFN- γ		IL-10	
	valor r	valor p	valor r	valor p
Anti- tTG IgA (I.U/ml.)	0.0003	0.90	0.1	0.025
IgA - EMA (I.U/ml.)	0.007	0.576	0.056	0.09

Capítulo IV. Discussão

4. Discussão

A doença celíaca (DC) é uma doença autoimune que é desencadeada por uma resposta imunitária ao glúten em indivíduos geneticamente predispostos. Desde a identificação da transglutaminase tecidular (tTG) como o auto-antigénio da DC, a deteção de IgA anti-TTG e IgA-EMA tornou-se uma ferramenta essencial para o diagnóstico desta doença. Mais uma vez, a medição do nível sérico de citocinas pode ter utilidade diagnóstica e prognóstica, dada a limitação dos marcadores da atividade da doença, bem como indicadores fiáveis da resposta à exclusão do glúten (Manavalan *et al.*, 2010).

4.1 Impacto do anti -tTG & EMA (IgA, IgG) no sero - diagnóstico da DC.

Neste estudo, 50/330 (15,1 %) dos soros testados eram seropositivos para IgA anti-tTG e IgA -EMA entre os doentes com suspeita clínica de DC (Tabela 3.1). Entretanto, nenhum dos soros testados era seropositivo para anti-tTG IgG ou IgG - EMA.

Revisões sistemáticas concluíram que os ensaios para a deteção de anticorpos IgA -tTG no soro têm uma elevada sensibilidade e especificidade, tanto em crianças como em adultos, para identificar doentes com doença celíaca (Rostom *et al.*, 2005 & Hill, 2005). No entanto, a exatidão do diagnóstico na prática clínica não é a relatada nos laboratórios de investigação (Abrams *et al.*, 2006 & Hopper *et al.*, 2007), sendo consequência de várias causas recentemente revistas (Hill, 2005; Lewis & Scott, 2010). Foi sugerido que títulos elevados de anti - tTG estão associados a valores preditivos positivos (VPP) elevados para a DC (Fernandez-Banares *et al.*, 2012). No entanto, o VPP de um anti -tTG fortemente positivo dependerá da prevalência da DC nos diferentes grupos de risco da doença (Fernandez-Banares *et al.*, 2012). Assim, nenhum nível de corte está associado a um VPP de 100 %. Um nível de corte de 80 UI/ml está associado a um VPP mais elevado de 98,6 % (Fernandez-Banares *et al.*, 2012). Neste estudo, a distribuição percentual dos níveis de IgA anti-TTG e IgA-EMA foi de 36% e 34% na concentração sérica de 20 -29 I.U/ml; entretanto, na concentração sérica de 30 - 39 I.U/ml. , a distribuição percentual foi de 22% e 24%, respetivamente. Na concentração sérica de 88 - 89, apenas 4% dos casos eram seropositivos para o auto-anticorpo IgA-EMA (Tabela, 3.2).

Vários estudos sugeriram que os títulos elevados de IgA anti-TTG têm uma especificidade elevada e estão associados a valores preditivos positivos elevados para a DC (Barker *et al.*, 2005; Hill & Holmes, 2008). Nesta situação, a necessidade de uma biópsia de intestino delgado para estabelecer o diagnóstico de DC em todos os casos tem sido questionada (Fernandez-Banares *et al.*, 2012).

Em populações pediátricas, os níveis fortemente positivos de anti - tTG (≥100 U/ml.) foram preditivos de alterações marsh 3a ou superiores (Barker *et al.*, 2005 & Donaldson *et al.*, 2008). Noutro estudo realizado em doentes com mais de 15 anos, o VPP de níveis de IgA anti -tTG superiores a 30 U/ml. para a DC foi de 100% (Hill & Holmes, 2008). Se for este o caso, não deve haver falsos positivos e a biopsia do intestino delgado pode ser evitada. No entanto, existem estudos que descrevem doentes com IgA anti -tTG fortemente positiva mas com histologia do intestino delgado normal ou quase normal (Marsh 0 a Marsh 1) (Freeman, 2004; Donaldson *et al.*, 2008 & Parizade *et al.*, 2009).

No ano passado, um autor questionou a necessidade de biópsia do intestino delgado para estabelecer o diagnóstico de DC em todos os casos (Fernandez-Banares *et al.*, 2012). Recentemente, o ESPGHAN propôs novas directrizes para o diagnóstico da DC em crianças e adolescentes, que devem ser testadas em estudos de investigação prospectivos antes da sua implementação global (Husby *et al.*, 2012). Em resumo, a biópsia pode ser evitada nos pacientes com quadro clínico compatível, genética celíaca positiva (HLA-DQ2 e/ou HLA-DQ8) e níveis elevados de IgA anti-TTG (> 10 X o limite superior da normalidade), verificados pela soropositividade IgA-EMA (Husby *et al.*, 2012).

Assim, ter todos os seguintes itens, IgA tTG fortemente positiva, IgA - EMA positiva, alto risco basal para DC e genética celíaca positiva tornam a probabilidade de DC quase certa nesses casos (Catassi & Fasano, 2010).

No presente estudo, o teste IgA EMA foi seropositivo em todos os casos seropositivos para IgA anti -tTG (Tabela 3.2). Mas a concordância entre os títulos ou níveis de ambos os testes anti-TTG e EMA é apenas moderada. Num estudo, foi encontrada uma diferença significativa entre ambos os testes serológicos na frequência de taxas de títulos positivos altos ou baixos (Fernandez-Banares *et al.,* 2012). Estudos anteriores mostraram uma excelente concordância quando compararam os anticorpos IgA tTG & EMA, mas foi numa escala abinária (resultados positivos ou negativos) (Tesei *etal.*, 2003 & Dahlbom *et al.*, 2010).

Além disso, foi descrita uma correlação altamente significativa entre o anti -tTG e a EMA (Salmaso *et al.*, 2001 & Dahlbom *et al.*, 2010). No entanto, uma correlação elevada não significa que os dois métodos tenham um grau de concordância (Fukuda & Ohashi, 1997).

Por outro lado, a prevalência de uma doença entre a população de interesse tem uma influência importante no VPP de um teste de diagnóstico. Assim, com o aumento da prevalência da doença, mais provável se torna que uma pessoa com um resultado positivo de anticorpos anti -tTG , EMA tenha a doença CD e menos provável se torna que um resultado positivo seja um falso positivo (Fernandez-Banares *et al.*, 2012). Por outro lado, quando a prevalência da DC é baixa, o VPP também será baixo, mesmo utilizando um teste com sensibilidade e especificidade elevadas (Fernandez-Banares *et al.*, 2012).

Relativamente à seropositividade de IgG anti -tTG e IgG - EMA, nenhum dos 50 doentes com DC recém-diagnosticados revelou positividade; entretanto, nos doentes que seguem uma dieta sem glúten (GFD), a concentração sérica média de IgG anti -tTG e IgG -EMA aumentou ($21\pm6,6$ e 21 ± 5, respetivamente) (Tabela 3.3). Verificou-se uma diminuição significativa da concentração média de IgA anti -tTG e IgA -EMA nos doentes submetidos a uma dieta sem glúten (Tabela 3.3).

A dieta sem glúten é atualmente a única forma eficaz de tratamento da DC. A melhora dos sintomas é geralmente observada dentro de dias a semanas após o início da dieta livre de glúten, enquanto a recuperação da mucosa total geralmente leva mais tempo (Lee *et al.*, 2003). Os títulos de anticorpos anti -tTG e anti -gliadina diminuem com a eliminação do glúten da dieta, mas podem levar muitos meses ou até anos para desaparecer completamente (Briani *et al.*, 2008)

Assim, a diminuição dos títulos ou o desaparecimento do auto-anticorpo anti -tTG na GFD poderia melhorar a atrofia das vilosidades causada pelos auto-anticorpos TG2 que perturbam a migração dos fibroblastos e das células epiteliais das criptas para a ponta das vilosidades (Halttunen & Maki, 1999). Uma vez que as concentrações elevadas de anti -tTG (IgA) são preditivas de atrofias vilosas e estão bem correlacionadas com a gravidade do resultado da biopsia, em populações adultas e pediátricas (Van Meensel *et al.*, 2004 & Donaldson *et al.*, 2007).

Por outro lado, o ensaio de IgG anti -tTG não é adequado para testar as amostras IgA - suficientes (Parizade *et al.*, 2009). A sensibilidade extremamente baixa obtida neste estudo deve-se ao facto de os auto-anticorpos IgA terem uma avidez mais elevada para o antigénio tTG e, por conseguinte, a ligação subsequente de IgG anti-tTG ser reduzida (Villata *et al.*, 2007).

Além disso, a IgA -tTG parece ser dirigida principalmente contra epítopos conformacionais de tTG (Seissler *et al.*, 2001& Sblattero *et al.*,2002) e é possível que a IgG -tTG seja dirigida contra o mesmo epítopo (Dahlbom *et al.*, 2005). Por conseguinte, pode ocorrer uma competição entre IgA -tTG e IgG - tTG e esta competição favoreceria os Abs com uma avidez elevada para tTG (Dahlbom *et al.*, 2005).

4.2 <u>IFN -γ na DC.</u>

Entre os subconjuntos de DC, nomeadamente doentes recentemente diagnosticados e doentes em GFD, a concentração de IFN-γ é significativamente mais elevada do que o controlo sem DC (P <0,01) (Tabela 3.4). Entretanto, nem a idade nem o género afectam o nível do perfil de citocinas IFN-γ em ambos os subgrupos de DC (Tabela 3.5 e 3.6), respetivamente. (P > 0.05). Os doentes em GFD continuam a ter uma concentração sérica média de IFN-γ significativamente mais elevada do que o controlo (P <0,01), mas diminuiu significativamente quando comparada com o nível médio em doentes recém-diagnosticados. O resultado do nosso estudo está de acordo com outros estudos que relataram um nível significativamente mais alto de IFN-γ entre a DC ativa e aqueles em GFD (Cataldo *et al.*, 2003; Juuti- Uusitalo *et al.*, 2004 & Manavalan *et al.*, 2010).

A resposta imunitária Thl com uma posição chave para o IFN-γ é um determinante importante da remodelação intestinal na DC (Wapenaar *et al.*, 2004). Embora não haja evidência de que o IFN-γ seja um gene predisponente na DC, apesar de sua expressão aumentada em pacientes em GFD e em remissão completa (Wapenaar *et al.*, 2004). Isto é apoiado pelo facto de os doentes em GFD e em remissão completa terem um nível de expressão de IFN-γ 7,6 vezes superior ao do controlo saudável (Wapenaar *et al.*, 2004). Isto sugere que a expressão de IFN-γ cronicamente regulada para cima resulta possivelmente de uma exposição de baixo nível ao glúten (Pietzak, 2005).

O aumento da expressão de IFN-γ em doentes com DC não tratados, em comparação com controlos normais e doentes com DC que recuperaram com uma GFD, foi bem documentado (Lahat *et al.,* 1999 & Forsberg *et al.,* 2002).

Foi confirmada uma correlação entre o nível médio de expressão de IFN -γ e a extensão da reestruturação dos tecidos na mucosa intestinal (Wapennar *et al.*, 2004). Assim, na biopsia com atrofia completa das vilosidades (MIIIc), esta expressão é cerca de 240 vezes superior à medida nos controlos médios (Wapennar *et al.*, 2004). A secreção da citocina Th1, nomeadamente IFN -γ, ativa a libertação de enzimas metaloproteinases da matriz que podem danificar a mucosa intestinal com perda da estrutura das vilosidades (Kagnoff, 2005).

Além disso, o IFN-γ aumenta a permeabilidade epitelial, o que, por sua vez, aumenta a passagem dos péptidos de glúten e a ligação dos péptidos às moléculas DQ2 e DQ8 nas células apresentadoras de antigénios, levando a uma retroalimentação crónica do processo inflamatório enquanto os péptidos de glúten estiverem presentes no lúmen intestinal (Ferretti *et al.*, 2012).

A maioria dos estudos relativos à elevação de citocinas na DC foi realizada com amostras de biópsia duodenal ou jejunal usando método imuno-histoquímico (Beckett *et al.*, 1996 & Chowers *et al.*, 1997). A nível sistémico, um número limitado de estudos avaliou o nível de citocinas no soro por ELISA (Manavalan *et al.*, 2010). Esses estudos mostraram níveis aumentados de IL -2, sIL-2R, IL -18, IFN -γ e TNF -α em pessoas com DC ativa (Penedo-Pita & Peteiro-Cartelle, 1991; Blanco *et al.*, 1992; Cataldo & Marino, 2003). No nosso estudo, o IFN-γ está elevado em doentes com doença ativa, bem como em doentes em GFD, em comparação com o controlo.

A elevação de citocinas também foi relatada em outras doenças frequentemente associadas à DC, incluindo tireoidite autoimune, diabetes, hepatite, osteopenia, bem como manifestações psiquiátricas, especialmente depressão (Fasano & Catassi, 2001; Pynnonen *et al.*, 2002). É provável que níveis elevados de certas citocinas possam estar na base da manifestação extra-intestinal da DC (Manavalan *et al.*, 2010).

Assim, a medição dos níveis séricos de citocinas pode ter utilidade diagnóstica e prognóstica, dada a limitação dos marcadores da atividade da doença, bem como indicadores fiáveis da resposta à exclusão do glúten.

4.3 IL - QI em CD.

A concentração da citocina anti-inflamatória IL-IO entre o subgrupo da DC e o controlo sem DC revela um nível estatisticamente mais elevado quando comparado com o controlo

(P < O.O1) (Tabela, 3.4). Além disso, nem a idade nem o sexo têm efeito na concentração de IL-1O no subgrupo da DC, nomeadamente nos doentes recém-diagnosticados e nos doentes em GFD (P > O.O5) (Tabela, 3.5 & 3.6 respetivamente). O resultado do nosso estudo está de acordo com outros estudos (Cataldo *et al.*, 2OO3 & Manavalan *et al.*, 2O1O) que relataram um nível constantemente mais elevado de IL -1O com uma diminuição dramática e significativa em resposta a uma GFD. A complexa regulação homeostática dos processos imunitários envolve numerosas células e moléculas que interagem entre si. Entre estas, a citocina reguladora prototípica na mucosa intestinal é a IL -1O (Nunez *et al.*, 2OO6). Entre outras funções, o seu papel como inibidor do desenvolvimento de células Th1 deve ser destacado no contexto da DC. Por conseguinte, a subprodução basal de IL -1O poderia eventualmente contribuir para uma inflamação Th1 exacerbada, o que, por sua vez, poderia aumentar a suscetibilidade à DC (Nunez *et al.*, 2006). No entanto, a descoberta mais consistente em doentes com DC tem sido um aumento da produção de IFN-γ, enquanto os níveis de IL -1O tendem a manter-se em níveis normais, embora existam resultados contraditórios (Forsberg *et al.*, 2OO2 ; Mizrachi *et al.*, 2OO2 & Cataldo *et al.,* 2OO3).

O aumento do nível de ARNm da IL -1O no intestino de doentes com DC é considerado um mecanismo de contra-regulação desencadeado pela doença, mas não a causa da patologia (Forsberg *et al.*, 2OO2). Isto é apoiado pelo facto de que, após a remoção do glúten da dieta, os níveis de IL -1O voltam ao nível normal (Cataldo *et al.*, 2OO3).

A DC ativa é caracterizada por uma resposta proeminente de citocinas dos linfócitos intra-epiteliais (IELs) a uma dieta contendo glúten, com um aumento concomitante da expressão de IFN-γ pró-inflamatório e de IL -1O reguladora negativa (Forsberg *et al.*, 2007).

Entre os três principais subconjuntos de IEL, o CD8+αβIEL é o subconjunto de IEL com o nível de expressão mais elevado por célula de ambas as citocinas IFN-γ e IL-1O e constitui a fonte celular de quase todo o IFN-γ e da maioria das IL-1O (Forsberg *et al.*, 2OO7). Assim, a produção de IL -1O pode ser uma caraterística comum dos IELs que produzem citocinas pró-inflamatórias, tentando assim limitar a inflamação de uma forma autócrina (Forsberg *et al.*, 2OO7).

4.4 <u>Efeito da duração da GFD e do modo de apresentação clínica.</u>

A alteração dos níveis séricos de IFN -γ e IL -1O em pacientes em GFD de acordo com a duração (Tabela, 3.8) não revela nenhuma diferença significativa (P> O.O5) entre pacientes

< 3 anos ou> 3 anos em GFD para o nível de IFN -γ. Enquanto isso, o nível de IL-IO revelou uma diferença estatisticamente significativa entre as duas diferentes durações na GFD (P□O.O5). O resultado do presente estudo discorda do estudo de Manavalan *et al.*, (2O1O) que relatou níveis significativamente mais baixos de IFN -γ & IL - 1O em pacientes em GFD > 1 ano quando comparados com pacientes em GFD por menos de 1 ano. É relatada a elevação persistente de IFN-γ na DC ativa e em pacientes em GFD (Manavalan *et al.*, 2O1O). Existem dados que documentam níveis séricos elevados de IFN-γ em doenças auto-imunes, algumas das quais estão associadas à DC (Stepniak & Koning, 2OO6). Por conseguinte, a medição dos níveis séricos de citocinas pode ter significado diagnóstico e prognóstico, bem como ser um indicador fiável da resposta à exclusão do glúten (Manavalan *et al.*, 2O1O).

Os níveis séricos de citocinas de IFN-γ e IL -1O de acordo com o modo de apresentação clínica como típico e atípico (Tabela 3.7) não revelam diferenças estatisticamente significativas. O resultado do presente estudo está de acordo com (Manavalan *et al.*, 2O1O).

4.5 IgG anti-GAD no subgrupo da DC.

A frequência do auto-anticorpo anti-GAD IgG foi de 14%, 10% e 0% entre os doentes com DC ativa, os doentes com GFD e os controlos (Tabela 3.9). Além disso, o nível sérico de IFN-γ e IL-10 entre os casos recém-diagnosticados seropositivos e seronegativos para IgG anti-GAD não revela resultados estatisticamente significativos (P > 0,05) (Tabela, 3.10). Em contrapartida, o nível de IFN-γ entre os doentes com GFD seropositivos e seronegativos para IgG anti-GAD apresenta uma diferença significativa (P 0 0,05); entretanto, o nível de IL-10 revela uma diferença estatisticamente muito significativa entre os doentes com GFD seropositivos e seronegativos para IgG anti-GAD (P < 0,01) (Tabela, 3.10)

A frequência de IgG anti-GAD no nosso estudo está de acordo com outro estudo que registou 11% de seropositividade anti-GAD (Shoul & Lerner, 2007). Mas discorda de outro estudo que registou uma frequência de 60% de anti-GAD em doentes com DC recentemente diagnosticados (Hadjivassiliou *et al.*, 2004).

Para além disso, o nível e a positividade dos anticorpos anti-GAD podem ser significativamente reduzidos com a introdução de uma GFD (Hadjivassiliou *et al.*, 2004). A coexistência de doença autoimune na DC é notável e existe uma associação da doença com a diabetes tipo 1. Os genes comuns que predispõem à autoimunidade, como os alelos HLA, podem ser a razão da coexistência da doença (Sollid & Jabri, 2005). Há poucos estudos sobre o risco de diabetes tipo 1 subsequente em indivíduos com doença celíaca (Ludvigsson *et al.*, 2006). A DC está associada a um aumento estatisticamente significativo do risco de diabetes tipo 1 subseqüente antes dos 20 anos de idade (Ludvigsson *et al.*, 2006).

A presença de GAD no plexo entérico pode ser a chave para a geração de anticorpos anti-GAD em doentes com DC (Williamson *et al.*, 1995). Os níveis elevados e significativos de IFN-γ e IL-10 entre os doentes com GFD seropositivos para IgG anti-GAD podem ser atribuídos ao facto de apenas 2/20 dos casos de GAD revelarem seropositividade para IgG anti-GAD. Uma outra explicação possível é a coexistência de outras doenças auto-imunes com a DC devido à partilha de alelos HLA (Sollid & Jabri, 2005) que aumenta a expressão de IFN-γ e IL-10 (Forsberg *et al.*, 2007). Assim, a manutenção de uma dieta gastrointestinal reduz o risco de desenvolver doenças auto-imunes e auto-anticorpos (Shaoul & Lerner, 2007).

Alguns dados sugerem a presença de inflamação da mucosa em biópsias do intestino delgado de IDDM e tiroidite autoimune (Troncone *et al.*, 2004). A permeabilidade local alterada ou a desregulação imunológica que resulta em citocinas pró-inflamatórias podem explicar a associação da DC com outras doenças auto-imunes (Troncone *et al.*, 2004). Uma descoberta interessante é o facto de os TG2 desempenharem um papel crítico na libertação de insulina das células dos ilhéus pancreáticos (Driscoll *et al.*, 1997). Esta observação pode especular um possível papel patogénico da tTG na IDDM, associando assim ambas as doenças (Shaoul & Lerner, 2007).

4.6 IgG anti-rotavírus em subgrupos de CD

A seroprevalência de IgG anti-rotavírus entre os doentes recém-diagnosticados com DC e os doentes em GFD foi de 22% e 10%, respetivamente (Tabela 3.11).

Além disso, não foi detectada a concentração sérica média de IgA anti-tTG, IgA - EMA nem a concentração sérica de IFN -γ e IL -10 entre os doentes com DC recém-diagnosticados e os doentes em GFD seropositivos e seronegativos para IgG anti-rotavírus (Tabela, 3.12 & 3.13).

Poucos estudos avaliaram o papel de infecções gastrointestinais específicas na DC (Stene *et al.*, 2006). As infecções podem contribuir potencialmente para a etiologia da DC, uma vez que podem aumentar a permeabilidade intestinal com maior penetração de antigénios e podem conduzir o sistema imunitário a uma resposta do tipo Th1 típica da DC (Troncone *et al.*, 2008). Dois artigos chamaram a atenção para as possíveis relações entre a infeção por rotavírus e a DC (Stene *et al.*, 2006 & Zanoni *et al.*, 2006).

Num estudo (Zanoni *et al.*, 2006), foram detectados anticorpos IgG anti-rotavírus em todos os doentes com DC e em apenas 32% dos participantes no controlo. Foi identificada uma sequência peptídica especificamente reconhecida por soros de indivíduos celíacos não tratados, que partilha um elevado grau de homologia com a proteína neutralizante principal VP-7 do serotipo do rotavírus (Troncone *et al.*, 2008).

Além disso, a infeção por rotavírus tem sido associada à autoimunidade dos ilhéus pancreáticos através de um mecanismo de mimetismo molecular entre sequências de péptidos virais, em particular na proteína VP-7, e epítopos de células T no auto-antigénio das células dos ilhéus, a glutamato descarboxilase (GAD) (Honeyman *et al.*, 2000).

Os anticorpos anti-rotavírus purificados com o péptido VP-7 são capazes de reagir de forma cruzada com o péptido celíaco; também se ligam à estrutura endomisial e têm propriedades funcionais semelhantes às do anticorpo anti-peptídeo celíaco porque activam o TLR-4 e alteram a permeabilidade celular (Zanoni *et al.*, 2006).

Além disso, em pacientes com DC, a frequência de anticorpos IgG e IgA contra os peptídeos VP-7 é maior do que a frequência de anticorpos dirigidos contra os peptídeos celíacos (Zanoni *et al.*, 2006).

Assim, o epítopo VP-7 do rotavírus pode ser importante na determinação de uma resposta imunitária antivírus, capaz de reagir de forma cruzada com antigénios próprios e de ter consequências funcionais no envolvimento do TLR-4 e na permeabilidade intestinal (Zanoni *et al.*, 2006). Um estudo recente mostrou que a prevalência de infeção ativa por rotavírus não era estatisticamente significativa entre os indivíduos que eram anti-tTG positivos e os que eram anti-tTG negativos (Rostami-Nejad *et al.*, 2010).

O rotavírus induz as células epiteliais intestinais a segregar quimiocinas. Destas quimiocinas, a IL-8 é um potente quimioatractor para os linfócitos intra-epiteliais intestinais (Ebert, 1995). A secreção de quimiocinas pelos enterócitos desempenha assim um papel no início da resposta imunitária à infeção por rotavírus (Rollo *et al.*, 1999); embora o nível de IFN-γ não seja alterado (Raming, 2004).

Assim, o possível papel desempenhado pelo rotavírus na patogénese da DC abre uma nova perspetiva para estratégias de prevenção nesta era de vacinação contra o rotavírus para excluir qualquer risco de indução de auto-anticorpos por mecanismos de mimetismo molecular (Troncone *et al.*, 2008).

4.7 Correlação entre IgA - tTG, IgA -EMA e citocinas.

A correlação entre a concentração sérica de IgA anti-tTG e EMA e as citocinas IFN-γ e IL-10 está ilustrada na tabela (3.14). Foi observada uma correlação estatisticamente significativa apenas entre anti-tTG IgA e IL -10 (P = 0,025). O nosso resultado está de acordo com outros (Manavalan *et al.*, 2010) que relataram uma correlação altamente significativa entre os níveis de títulos de IgA tTG e o nível sérico de citocinas Th2, nomeadamente IL-10 (P <0,001). Vários estudos demonstraram que, na DC, a elevação dos anticorpos séricos contra autoantigénios específicos, como os anticorpos endomisiais (EMA) e os anticorpos tTG, são predominantemente de isótipos IgA (Sulkanen *et al.,* 1998 & Dieterich *et al.*, 1998).

Ao nível da mucosa, as citocinas favorecem a geração de células plasmáticas produtoras de IgA (Schultz & Coffman, 1991; Picarelli *et al.,* 2001). Assim, estes achados sugerem papéis para certas citocinas na elicitação ou manutenção da resposta humoral na DC, com exceção do IFN-γ e do TNF-α (Manavalan *et al.*,2010). Considerando que os anticorpos IgA anti-tTG são produtos da resposta humoral, não é surpreendente que o IFN-γ e o TNF-α não tenham mostrado qualquer correlação com os títulos de anticorpos séricos (Manavalan *et al.*,2010). Isto para além do facto de a IL-10 ter um efeito imunoestimulador nas células B (Conti *et al.*, 2003). Assim, a IL-10 aumenta a proliferação das células B e a secreção de imunoglobulinas (Conti *et al.*, 2003).

Quinto capítulo. Conclusões e recomendações

Conclusões

Tendo em conta os resultados anteriores, pode concluir-se que:

⅛ O isótipo anti-tTG IgA e IgA - EMA são mais sensíveis do que a classe IgG no diagnóstico sorológico da DC, especialmente recentemente diagnosticado com IgA - EMA é mais sensível do que anti-tTG IgA em pacientes com DC recém-diagnosticados, enquanto os pacientes em GFD, a concentração sérica média de anti-tTG IgA e IgA- EMA são significativamente diminuídos.

⅛ As citocinas pró-inflamatórias IFN-γ e anti-inflamatórias IL-IO são significativamente maiores entre os recém-diagnosticados e pacientes em GFD do que o controle saudável, nem a idade nem o sexo têm efeito na concentração média de IFN- γ e citocina IL-IO entre os recém-diagnosticados e pacientes em GFD.

Φ A frequência do auto-anticorpo IgG anti-GAD está diminuída em pacientes em GFD

≠ Em DC recém-diagnosticada e pacientes em GFD soropositivos para anticorpo IgG anti-rota vírus, nem a concentração sérica de IFN-γ e IL-IO nem, anti-tTG IgA e EMA - IgA revelam diferenças estatisticamente significativas.

Recomendações

Recomendamos o seguinte:

Q Avaliação do auto-anticorpo anti-pituitário em crianças com DC recentemente diagnosticada como um novo achado que contribui para a deficiência de crescimento.

QRastreio de auto-anticorpos EMA e tTG em doentes com TlDM como marcador de DC silenciosa.

QAvaliar o nível de IL-1, TNF-α e, especialmente, IL-15 e IL-2l como novos intervenientes em doentes com DC, uma vez que estas citocinas podem contribuir para anomalias arquitectónicas, ou seja, atrofia das vilosidades e hiperplasia das criptas.

QEstudar a prevalência de alguns perfis de auto-anticorpos associados à DC, como os auto-anticorpos da tiroide, os anticorpos anti-gangliosídeos (como marcador imunológico de comprometimento neurológico em doentes com DC).

QEstudar o nível de IFN-γ e IL-10 em doentes com DC com deficiência de IgA.

Q Tipagem HLA dos alelos susceptíveis HLA-DQ2 & DQ8 em doentes com suspeita de DC seropositivos para o auto-anticorpo anti-tTG IgA & IgA - EMA.

<u>**Apêndice -I**</u>

<u>Questionnaire</u>

Name

Age

Sex

Weight

 Length

Location

Clinical findings

1 – Children

2 – Adult

Duration of disease

Other disease

A – Thyroditis

B – Type I D.M

Gluten free diet

Duration

Family history

Telephone

Referências

■ Abrams, JA. ; Brar, P. ; Diamond, B. ; Roterdão,H. & Green, PH. (2006). Utilidade na prática clínica do anticorpo de imunoglobulina A antitransglutaminase tecidual para o diagnóstico da doença celíaca. Clin Gastroenterol Hepatol. 4:726 - 30.

■ Alaedini, A. & Green, PH. (2005). Revisão narrativa: doença celíaca: compreensão de uma doença autoimune complexa. Ann Intern Med. 142:289-98.

■ Alaedini, A. & Green, PH. (2008). Autoanticorpos na doença celíaca. Autoimunidade. 41:19-26.

■ Al-Hassany, M. (1975). Doença celíaca em crianças iraquianas. J Trop Pediatr 21:178-9.

■ Ali, S. ; Al-Taae, K. & Amir, M. (2009). Prevalência de doença celíaca em pacientes com dispepsia em Najaf. Kufa Med. Journal.12(1):382 - 387.

■ Amagai, M. (2003). A Desmogleína como alvo na autoimunidade e na infeção. J Am Clin Dermatol. 4:165 - 175.

■ Anderson, DM.(1959). História da doença celíaca. J Am Diet. 53:1158-1162.

■ Anderson, RP. ; Dengano, P. ; Godkin, AJ. ; Jewel, DP. & Hill, AV. (2000). O desafio antigénico in vivo na doença celíaca identifica um único péptido modificado pela transglutaminase como o epítopo dominante das células T da A-gliadina. Nat Med. 6(3)337 - 42.

■ Aoki, CA. ; Borchers, AT. ; Li, M. ; Flavell, RA. ; Bowlus, CL. ; Ansari, AA. et la., (2005). Transforming growth fator beta and autoimmunity. Autoimmune Rev. 4(7):450 - 9.

■ Arentz - Hansen, H. ; Komer, R. ; Molberg, 0. ; Quarsten, H. Vader, W. et al.,(2000). A resposta das células T intestinais à alfa gliadina na doença celíaca do adulto centra-se numa única glutamina desamidada visada pela transglutaminase tecidular. J Exp Med. 191:603612.

■ Arif, H. ; Al-Hadithi, R. & Abdul Elah, S. (2009). Alguns aspectos diagnósticos da doença celíaca em crianças iraquianas. Iraqi J MED SCI. 7(3): 32 -39.

■ Barker, CC. ; Mitton, C. ; Jevon, G. & Mock, T. (2005). Podem os títulos de anticorpos contra a transglutaminase tecidular substituir a biópsia do intestino delgado para diagnosticar a doença celíaca em populações pediátricas seleccionadas? Pediatrics. 115:1341-6.

■ Barone, MV. ; Caputo, I. ; Ribecco, MT. ; Maglio, M. ; Marzari, R. et al., (2007). A resposta imune humoral à transglutaminase tecidual está relacionada à proliferação de células epiteliais na doença celíaca. Gastroenterology. 132(4):1245-53.

■ Beckett, CG. ; Dell'Olio, D. ; Kontakou, M. ; Przemioslo, RT. ; Rosen-Bronson & Ciclitria, PJ. (1996). Análise da interleucina-4 e interleucina-10 e sua associação com o infiltrado linfático no intestino delgado de pacientes com doença celíaca. Gut. 39:818-23.

■ Blanco, A. ; Garrote, JA. ; Arranz, E. ; Alonso, M. & Clavo, C. (1992). O aumento dos níveis séricos de IL-2R na doença celíaca está relacionado com os antigénios CD4 mas não com os CD8. J Pediatr Gastroenterol Nutr. 15:413-7.

■ Blutt, SE. ; Crawford, SE. ; Warfield, KL. ; Lewis, DE. ; Estes, MK. et al.,(2004). A proteína do capsídeo externo VP7 da ativação policlonal de células B de rotavírus. J Virol. 78:6974 - 6981.

■ Brandtzaeg, P. (2010). Alergia alimentar: separando a ciência da mitologia. Nat Rev Gastroenterol Hepatol. 7:380 - 400 .

■ Brandtzaeg, P. ; Halstesen, TS. ; Havatum, M. ; K vale, D. ; & scott, H. (1993). The serogical and mucosal immunologic basis of celiac disease. vol.11.London: Academic Press; p.295 - 333.

■ Brandtzage, P. ; Halstensen, TS. ; Krajci, K. ; Kvale, D. ; Scott, H. et al., (1992). Expressão epitelial de HLA, componente secretório (recetor poli-Ig) e moléculas de adesão no trato alimentar humano. AnnNy Acad Sci. 664:157 - 79.

■ Briani, C. ; Samaroo, D. & Alaedidi, A. (2008). Doença celíaca: Do glúten à autoimunidade. Autoimmunity Reviews 7:644 - 650.

■ Bruce, SE. ; Bjarnason, I. & Peters, TJ. (1985). Human jejunal transglutaminase: demonstratin of activity, enzyme kinetics and substrate specificity with special relation to gliadin and celiac disease. Clin Sci. 68(5):573-9.

■ Bucci, P. ; Carile, F. ; Sangianantoni, A. ; D'Angio, F. Santarelli, A. & Lo Muzio, L. (2006). Úlceras aftosas orais e defeitos do esmalte dentário em crianças com doença celíaca. Ata Paediatr. 95:203-207.

■ Caputo, I ; lepretti, M. ; Secondo, A. ; Paolella, G. ; Sblattero, D. et al., (2011) Anti-tissue transglutaminase antibodies activate intracellular tissue transglutaminase by modulating cytosolic Ca++ homeostasis. Aminoácidos. Oct 22.

■ Carisson, AK. ; Lindberg, BA. ; Bredberg, AC. ; Hyoty, H. & Lvarsson, SA. (2002). A infeção por enterovírus durante a gravidez não é um fator de risco para a doença celíaca na descendência. J Pediatr gastroenterol Nutr. 35:649 - 52 .

■ Carroccio, A. ; Cavataio, F. ; Montalto, G. ; Paparo, F. ; Troncone, R. & Lacono, G. (2001). O tratamento da giardíase inverte a doença celíaca "ativa" para a doença celíaca "latente". Eur J Gastroenterol Hepatol. 13:1101-5.

■ Cataldo, F. & Marino, V. (2003). Aumento da prevalência de doenças auto-imunes em parentes de primeiro grau de pacientes com doença celíaca. J Pediatr Gastroenterol Nutr. 36:470 - 3.

■ Cataldo, F. ; Lio, D. ; Marino, V. ; Scola, L. ; Crivello, A. & Corazza, G.R. (2003). Perfis de citocinas plasmáticas em pacientes com doença celíaca e deficiência selectiva de IgA. Pediatr Allergy Immunol. 14(4):320 - 324.

■ Catassi, C. & Fasano, A. (2010). Diagnóstico da doença celíaca: regras simples são melhores do que algoritmos complicados. Am J Med. 123:691 - 3.

■ Cellier, C. ; Flobert, C. ; Cormier, C. ; Roux, C. & Schmitz, J. (2000). Osteopenia grave em adultos sem sintomas com diagnóstico de doença celíaca na infância. Lancet. 355:806.

■ Chen, J. & Liu, X. (2009). O papel do interferão gama na regulação das células T CD4+ e suas implicações clínicas. Cellular immunology. 254:85 - 90.

■ Chirdo, FG. ; Millington, OR. ; Mowat, AM. & Beacock-Sharp (2005). Células dendríticas imunomoduladoras na lâmina própria intestínal. Eur J Immunol. 35:1831 - 40 .

■ Chowers, Y. ; Marsh, MN. ; De Grandpre, L. ; Nyberg, A. & Kagnoff, MF. (1997). Aumento da expressão do gene da citocina pró-inflamatória na mucosa do cólon de pacientes com doença celíaca no período inicial após o desafio com glúten. Clin Exp Immunol 107:141 - 7.

■ Ciccocioppo, R. ; Di Sabatino, A. & Corazza, G.R. (2005). O reconhecimento imunitário do glúten na doença celíaca. imunologia clínica e experimental, 140:408 - 416 .

■ Ciccocioppo, R. ; Di sabatino, A. ; Bauer, M. et al., (2005). Padrão de metaloproteinase da matriz na mucosa duodenal celíaca. Laboratory Invest 85:397 -407.

■ Ciccocioppo, R. ; Finamore, A. ; Mengheri, E. ; Millimaggi, D. Esslinger, B. et al., (2010). Isolamento e caraterização de células T específicas da transglutaminase tecidual circulante na doença celíaca. Int J immunopathol Pharmacol 23(1): 179- 91.

■ Ciccocippo, R. ; Di Sabatino, A. ; Parroni, R. et al., (2001). Aumento da apoptose de enterócitos e do sistema Fas/Fas Ligand na doença celíaca. Am J Clin Pathol 115:494 - 503.

■ Ciccoippo, R. ; Di Sabatino, A. ; Ara, C. ; Biagi, F. ; Perilli, M. ; Amicosante, G. et al., (2003). Complexos de gliadina e transglutaminase tecidual na mucosa duodenal normal e celíaca. Clin Exp Immunol 134(3):516 - 24.

■ Ciclitira, P. ; Johnoson, M. ; Dewar, D. & Ellis, H. (2005). A patogénese da doença celíaca. Molecular Aspects of Medicine 26:421 -458.

■ Ciclitira, PJ. ; Evans, DJ. ; Fagg, NL. ; Lennox, ES. & Dowling, RH. (1984). Testes clínicos da fração de gliadina em doentes celíacos. Clin Sci(Lond) 66:357-364.

■ Ciclitria, PJ. ; Ellis, HJ. ; Wood, GM. ; Howdel, PD. & Losowsky, Ms. (1986). Secreção de anticorpos contra a gliadina por biópsias da mucosa jejunal celíaca cultivadas in vitro. Clin Exp Immunol 64:119 - 24.

■ Ciclitria, PJ. ; Hooper, LB. ; Ellis, HJ. & Freedman, AR. (1989). Produção de anticorpos contra a gliadina por linfócitos do intestino delgado de pacientes com doença celíaca. Int Arch Allergy Appl Immunol 89:246 -9.

■ Colombel, JF. ; Mascart-Lemone, F. ; Nemeth, J. ; Rambaud, JC. et al.,(1990). Secreção de imunoglobulina jejunal e anticorpos antigliadina na doença celíaca do adulto.

Gut 31:1345 - 9.

■ Conti, P. ; Kempuraj, D. ; Kandere, K. ; Gioacchino, M. et al., (2003). IL-10, uma citocina inflamatória / inibitória, mas nem sempre. Immunology Letters 86:123 - 129.

■ D'Argenio, G. ; Sorrentinil, I. ; Ciacci, C. ; Spagnuolo, S. ; Ventriglia, R. ; de Chiara A. et al., (1989). Human serum transglutaminase and celiac disease: correlation between serum and mucosal activity in an experimental model of rat small bowel enteropathy. Gut 30(7):950 - 4.

■ Dahlbom, I. ; Korponay-Szabo, IR. ; Kovacs, JB. ; Szalai, Z. ; Maki, M. & Hansson, T. (2010). Previsão da gravidade clínica e da mucosa da doença celíaca e da dermatite herpetiforme através da quantificação de anticorpos séricos IgA/IgG para a transglutaminase tecidular. J Pediatr Gastroenterol Nutr 50:140 -6.

■ Dahlbom, I. ; Olsson, M. ; Forooz, N. ; Hasson, T. ; Truedsson, L. & Sjoholm, G. (2005). Anticorpos de Imunoglobulina G Anti-Tecido Transglutaminase Utilizados como Marcadores para Pacientes com Doença Celíaca com Deficiência de IgA. Imunologia clínica e de diagnóstico laboratorial. P.254 - 258.

■ Deem, RL. ; Shanahan, F. & Targan, SR. (1991). As células T da mucosa humana desencadeadas libertam fator de necrose tumoral alfa e interferongama que matam as células epiteliais do cólon humano. Clin Exp Immunol 83:79-84 .

■ Denning, TL. ; Wang, YC. ; Patel, SR. ; Williams, IR. & Pulendran, B. (2007). Lamina propria macrophages and dendritic cells differentially induce regulatory and Interleukin-17 producing T-cell responses. Nat Immunol 8:1086 - 1094 .

■ Di Sabatino, A. & Corazza, GR. (2009). Doença celíaca. Lancet 373:1480-1493.

■ Di Sabatino, A. ; Vanoli, A. ; Paolo, G. ; Luinetti, O. ; Solcia, E. et al. (2012). A função da transglutaminase tecidual na doença celíaca. Autoimmun Rev, doi: 10.1016/J.autrev.

■ Dieterich, W. ; Ehnis, T. ; Bauer, M. ; Donner, P. ; Volta, U. et al., (1997). Identificação da transglutaminase tecidular como o autoantigénio da doença celíaca. Nat Med 3:797 -801 .

■   Dieterich, W. ; Laag, E. ; Schopper, H. Volta, U. ; Ferguson, A. ; Gillett, H. et al., (1998). Autoanticorpos para transglutaminase tecidual como preditores de doença celíaca. Gastroenterology 115:1317-21.

■   Dieterich, W. ; Storch, WB. & Schuppan, D. (2000). Anticorpos séricos na doença celíaca. Clin lab 46(7-8):361 - 4.

■   Dieterich, W. ; Trapp, D. ; Esslinger, B. ; Piper, J. ; Hahn, E. et al., (2003). Autoanticorpos de pacientes com doença celíaca são insuficientes para bloquear a atividade da transglutaminase de tisuue. Gut 52(11)1562-6 .

■   Donaldson, M.R. ; Firth, S.D. Wimpee, K.M. ; Leiferman, K.M. ; Zone, J.J. et al., (2007). Correlação da histologia duodenal com os níveis de transglutaminase tecidual e anticorpos endomisiais na doença celíaca pediátrica. Clin. Gastroenterol. Hepatol. 5:567-573.

■   Donaldson, MR. ; Book, LS. ; Leiferman, KM. ; Zone, JJ. & Neuhausen, SL. (2008). Anticorpos antitransglutaminase tecidual fortemente positivos estão associados à histopatologia de Marsh 3 na doença celíaca adulta e pediátrica. J Clin Gastroenterol 42:256 - 60.

■   Dorum, S. ; Arntzen, MO. ; Qiao, SW. ; Holm, A. Thiede, B. et al., (2010). Os substratos preferidos para a transglutaminase 2 numa digestão complexa de glúten de trigo são fragmentos de péptidos que contêm epítopos de células com doença celíaca, PLoS one 5(11):e14056.

■   Driscoll, HK. ; Adkins, CD. ; Chertow, TE. ; Cordle, MB. ; Matthews, KA. & Chertow, BS. (1997). Vitamin A stimulation of insulin secretion: effects on transglutaminase mRNA and activity using rat islets and insulin secreting cells. Pancreas 15:69 - 77.

■   Du Pre, M. & Samson, J. (2011). Regulação das respostas adaptativas das células T tolerância oral ao antigénio proteico. Allergy 66:478 - 490.

■   Durante-Mangoni, E. ; Iardino, P. ; Resse, M. ; Cesaro, G. ; Sica, A. ; Farzati, B. ; Ruggiero, G. et al., (2004). Silent disease in chronic hepatitis C: impact of interferon treatment on the disease onset and clinical outcome. J clin Gastroenterol 38:901 - 905.

■ Ebert, E. (1995). Os linfócitos intraepiteliais intestinais humanos têm uma potente atividade quimiotáctica. Gastroenterology 109:1154 - 1159.

■ Elsevier, B.V. (2006). A mudança do paradigma imunológico na doença celíaca. Cartas de Imunologia 105:127 - 139

■ Esposito, C. ; Paparo, F. ; Caputo, I. ; Rossi, M. ; Maglio, M. ; Sblattero, D. et al.,(2002). Os anticorpos antitransglutaminase tecidular de doentes celíacos inibem a atividade da transglutaminase in vitro e in situ. Gut51:177-81.

■ Faria, AM. & Weiner, HL. (2005). Tolerância oral. Immunol Rev 206:232-259.

■ Fasano, A. & Catassi, C. (2001). Abordagens actuais para o diagnóstico e tratamento da doença celíaca: Um espetro em evolução. Gastroenterology. 120:636-651.

■ Fassano, A. (2005). Apresentação clínica da doença celíaca na população pediátrica. Gastroenterologia 128:S68-73.

■ Fernandz-Banares, F. ; Alsina, M. ; Modolell, I. ; Xavier, A. ; Marta, P. et al., (2012). Os anticorpos transglutaminase tecidual IgA séricos positivos são suficientes para diagnosticar a doença celíaca sem uma biópsia do intestino delgado? Probabilidade pós-teste de doença celíaca. Jornal of chrohn's and Colitis. P:6.

■ Ferretti, G. ; Bacchetti, T. ; Masciangelo, S. & Saturni, L. (2012). Doença celíaca, inflamação e dano oxidativo: uma abordagem nutrigenética. Nutrientes 4,243 - 257.

■ Fesus, L. & Szondy, Z. (2005). A transglutaminase 2 no equilíbrio da morte e sobrevivência celular. FEBS Lett 579(15):3297 - 302.

■ Fleckenstein, B. ; Molberg, O. ; Qiao, SW. ; Schmid, DG. ; Jung, G. et al., (2002). Gliadin T-cell epitope selection by tissue transglutaminase in celiac disease. role of enzyme specificity and pH influence on the transamidation versus deamidation reactions. J Biol Chem 277:34109- 16 .

■ Fleckenstein, B. ; Qiao, SW. ; Larsen, MR. ; Jung, G. ; Reopstroff, P. & Sollid, LM. (2004). Caracterização molecular de complexos covalentes entre a transglutaminase tecidular e os péptidos de gliadina. J Biol Chem 279:17607-16.

■ Forsberg, G. ; Hemell, O. ; Hammarstrom, S. & Hammarstrom, M. (2007). Aumento concomitante de IL-IO e citocinas pró-inflamatórias em subconjuntos de linfócitos intraepiteliais na doença celíaca. imunologia internacional, Vol.19, No. 8, pp. 993 - 1001.

■ Forsberg, G. ; Hernell, O. ; Melgra, S. ; Israelsson, A. ; Hammarstrom, S. & Hammarstrom, ML. (2002). Coexpressão paradoxal de citocinas pró-inflamatórias e reguladoras para baixo em células T intestinais na doença celíaca infantil. Gastroenterologia 123:667 -78.

■ Fowler, S. & Powrie, F. (2002). A expressão de CTLA-4 em células específicas de antigénio, mas não a secreção de IL-10, é necessária para a tolerância oral. Eur J Immunol 32:2997-3006.

■ Freeman, HJ. (2004). Ensaios de anticorpos antitransglutaminase tecidual fortemente positivos sem doença celíaca. Can J Gastroenterol 18:25 - 8.

■ Fukuda, H. & Ohashi, Y. (1997). A guideline for reporting results of statistical analysis on Japanese Journal of Clinical Oncology. Jpn J Clin Oncol 27:121 -7.

■ Gallagher, RB. ; Cervi, P. ; Kelly, J. ; Dolan, C. ; Weir, DG. & Feighery, C. (1989). O perfil das subclasses e o potencial de ativação do complemento dos anticorpos anti-α-gliadina na doença celíaca. J Clin Lab Immunol 28:115-21.

■ Goldstein, DR. (2004). Toll - Like recetor e outras ligações entre a aloimunidade inata e adquirida. Curr Opin Immunol 16:538 - 544.

■ Gorgun, J. ; Portyanko, A. ; Marakhouski, Y. & Cherstovy, E. (2009). Expressão da transglutaminase tecidual na mucosa celíaca: um estudo imuno-histoquímico. Virchows Arch 455(4):363 - 73.

■ Greenberg, CS. ; Birckbichler, PJ. & Rice, H. (1991). Transglutaminases: Multifunctional cross-linking enzymes that stabilize tissues. FASEB J 5(15):3071-7.

■ Green, PH. & Cellier, C. (2007). Doença celíaca.N Engl J Med 357:1731 -43.

■ Green, PH. &jabri, B. (2003). Celiac disease. Lancet 362:1419.

■ Griffin, M. ; Casadio, R. & Bergmini, CM. (2002). Transglutaminases: as colas biológicas da natureza. Biochem J 368(Pt2):377 - 96.

■ Hadjivassiliou, M. & Grunewald, R.A. (2000). Cerebellar encephalitis. Em Handbook of Ataxia Disorders (Klockgether, T.ed.), pp. 649 - 667.

■ Hadjivassiliou, M. ; Williamson, C. ; Gr newald, RA. et al., (2004). A descarboxilase do ácido glutâmico como antigénio alvo na sensibilidade ao glúten: a ligação às manifestações neurológicas? Actas do 11th Simpósio Internacional sobre Doença Celíaca, Belfast.

■ Halfdanarson, TR. ; Litzow, MR. ; Murray, JA. (2007). Manifestações hematológicas da doença celíaca. Blood. 109:412-421.

■ Halstensen, TS. & Brandtzaeg, P. (1993). Linfócitos T ativados na lesão celíaca: ativação de não proliferação (CD25) de células CD4 + α/β na lâmina própria, mas proliferação (Ki-67) de células α/β e □/□ no epitélio. Eur J Immunol 23:505 - 10 .

■ Halstensen, TS. ; Hvatum, M. ; Scott, H. ; Fausa, O. & Brandtzaeg, P. (1992). Associação de deposição subepitelial de complemento ativado e imunoglobulina G e M resposta ao glúten na doença celíaca. Gastroenterologia 102:751 - 9.

■ Halttunen, T. & Maki, M. (1999). A imunoglobulina sérica A de pacientes com doença celíaca inibe a diferenciação de células epiteliais da cripta intestinal humana T84. Gastroenterologia 116:566 - 572.

■ Hansson, T. ; Dannaeus, A. ; Kraaz, W. ; Sjoberg, O. & Klareskog, L. (1997). Produção de anticorpos contra a gliadina por linfócitos do sangue periférico em crianças com doença celíaca: a utilização de uma técnica de imunoabsorção enzimática para rastreio e acompanhamento. Pediatr Res 41:554-9 .

■ Havatum, M. ; Scott, H. & Brandtzaeg, P. (1992). Anticorpos séricos da subclasse IgG para uma variedade de antigénios alimentares em pacientes com doença celíaca.Gut 33:632-8

■ Hill, ID. (2005). Qual é a sensibilidade e a especificidade dos testes serológicos para a doença celíaca? A sensibilidade e a especificidade variam consoante a população? Gastroenterology 128:525 - 32.

■ Hill, PG. & Holmes, GK. (2008). A biopsia nem sempre é necessária para o diagnóstico. Aliment pharmacol Ther 27:572 - 7.

■ Hill, PG. & Mcmillan, SA. (2006). Anticorpos antitransglutaminase tecidual e seu papel na investigação da doença celíaca. Artigo de revisão. A associação para bioquímica clínica 43:105 - 117 .

■ Hodrea, J. ; Demeny, Ma. Majia, G. Sarang, Z. & Korponay-Szab'o, IR. (2010). A transglutaminase 2 é expressa e ativa na superfície de células dendríticas derivadas de monócitos humanos e macrófagos. Immunol Lett 130(1-2):74 - 81.

■ Honeyman, MC. ; Coulson, BS. ; Stone, NL. et al., (2000). Associação entre infeção por rota vírus e autoimunidade das ilhotas pancreáticas em crianças com risco de desenvolver diabetes tipo 1. Diabetes 49:1319-24.

■ Honnorat, J. ; Saiz, A. ; Giometto, B. ; Vincent, A. Brieva, L. ; de Andres, C. et al., (2001). Ataxia cerebelar com anticorpos anti-ácido glutâmico descarboxilase. Arch. Neurol. 58, 225 - 230 .

■ Hopper, AD. ; Cross, SS. ; Hurlstone, DP. ; Mcalindon, ME. ; Lobo, AJ. et al., (2007). Testes serológicos pré-endoscópicos para a doença celíaca: avaliação de uma ferramenta de decisão clínica. BMJ 334:729-33.

■ Hue, S. ; Mention, JJ. Monteiro, RC. ; Zhang, S. ; Cellier, C. Schmitz, J. et al., (2004). Um papel direto para a interação NKG2D/MICA na atrofia das vilosidades durante a doença celíaca. Immunity 21:367-377.

■ Hunt, KA. & Van Heel, DA.(2009). Recentes avanços na genética da doença celíaca Gut 58:473-6.

■ Husby, S. ; Koletzko, S. ; Korponay-Szabo, IR. et al., (2012). Sociedade Europeia de Gastroenterologia Pediátrica, Hepatologia e Nutrição Directrizes para o diagnóstico da doença celíaca. J Pediatr Gastroenterol Nutr 54:136-60.

■ Jabri, B. & Sollid, LM. (2009).Tissue - mediated control of immunopathology in celiac disease.Nat Rev immunol 9:858-70.

■ Jabri, B. ; Kasadra, DD. & Green, PH.(2005). Imunidade inata e adaptativa: o yin e o yang da doença celíaca. Immunol Rev. 206:219-31.

■ Jabri, B.; Cellier, C.; De Serre, N. et al., (2000). Expansão seletiva de linfócitos intraepiteliais que expressam o recetor HLA - Especific natural killer CD94 na doença celíaca. Gastroenterology 118:867 - 79.

■ Johansson, SG. ; Hourihane, JO. ; Bousquet, J. ; Dreborg, S. et al., (2001). A revised nomenclature for allergy. Allergy 56:813 - 842.

■ Johnston, SD; Watson, RG; MacMillan, SA; Sloan, J & Love, AH. (1998). A doença celíaca detectada por rastreio não é silenciosa - simplesmente não reconhecida. QJM 91:853 - 60.

■ Juuti-Uusitalo, K. ; Maki, M. ; Kaukinen, K. ; Collin, P. ; Visakorpi, T. et al., (2004). cDNA microarray analysis of gene expression in celiac disease jejunal biopsy samples. J. Autoimmune. 22,249 - 265.

■ Kagnoff, M.F. (2005). Visão geral e patogénese da doença celíaca. Gastroenterologia 128,10-18.

■ Kamanaka, M. ; Kim, ST. ; Wan, YY. Lara-Tejero, M. Galan, JE. et al., (2006) Expressão de Interleucina -10 em linfócitos intestinais detectada por um rato tigre knockin repórter de interleucina-10. Immunity 25:941 - 952 .

■ Kapikian, AZ. ; Hoshino, Y. & Chanock, RM. (2001). Rotavírus. In: Knipe DM, Howley PM, eds. Fields virology. Philadelphia: Lippincott Williams & Wilkins 1787-833.

■ Kastelein, R.A. ; Hunter, C.A. & Cua, D.J. (2007). Descoberta e biologia de IL-23 e IL-27: reguladores da inflamação relacionados mas funcionalmente distintos. Annu. Rev. Immunol. 25:221-242.

■ Kett, K. ; Scott, H. ; Fausa, O. & Brandtzaeg, P. (1990). Imunidade secretora na doença celíaca: expressão celular da subclasse de imunoglobulina A e cadeia de união. Gastroenterologia 99:386 - 92 .

■ Kim, C-H. ; Quarsten, H. ; Bergsen, E. ; Khosla, C. & Sollid, LM. (2004). Base estrutural para a apresentação mediada por HLA - DQ2 de epítopos de glúten na doença celíaca. Proc Natl Acad Sci USA 101:4175 -9.

■ Kojima, S. ; Nara, K. & Rifkin, DB. (1993). Necessidade de transglutaminase na ativação do fator de crescimento transformador beta latente em células endoteliais bovinas. J Cell Biol 121(2): 439 - 48 .

■ Labory, JT. ; Hohmann, AW. ; Davidson, GP. ; Hetzel, PA. ; Johnson, RB. et al.,(1986). Anticorpos intestinais e séricos na doença celíaca: uma comparação usando ELISA. Clin Exp Immunol 66:661 - 8 .

■ Lahat, N. ; Shapiro, S. ; Karban, A. ; Gestein, R. ; Kinarty, A. & Lerner, A. (1999). Cytokine profile in celiac disease. Scand J Immunol 49:441 - 6.

■ Lahdeaho, ML. ; Lehtinien, M. ; Rissa, HR. ; Hyoty, H. ; Reunala, T. & Maki, M. (1993). Anticorpos antipeptídeo para a proteína E1b do adenovírus indicam risco aumentado de doença celíaca e dermatite herpetiforme. Int Arch Allergy Immunol 101:272-6.

■ Lavo, B. ; Knutson, F. ; Knuston, L. ; Hallgren, R. & Sjoberg, O. (1992). Secreção jejunal de imunoglobulinas secretoras e anticorpos contra gliadina na doença celíaca. Dig Dis Sci 37:53 - 9 .

■ Lee, SK. ; Lo, W. Memeo, L. ; Roterdão, H. & Green, PH. (2003). Histologia duodenal em pacientes com doença celíaca após tratamento com dieta sem glúten. Gastrointest Endosc. 57:187 -91.

■ Lewis, NR. & Scott, BB. (2010). Meta-análise: anticorpo peptídico de gliadina desamidada e anticorpo transglutaminase tecidual comparados como testes de triagem para doença celíaca. Aliment pharmacol Ther 31:73 - 81.

■ Lindfors, K. ; Maki, M. & Kaukinen, K. (2010). Autoanticorpos direccionados para a transglutaminase-2 na doença celíaca: Actores patogénicos para além de ferramentas de diagnóstico? Autoimmunity review 9.744 - 749 .

■ Louka, AS. & Sollid, LM. (2003). HLA na doença celíaca: desvendando a genética complexa de uma doença complexa. Antigénios tecidulares 61:105117.

■ Ludvigsson, J. ; Ekbom, A. ; Montgomery, S. & Ludvigsson, J. (2006). Doença celíaca e risco de diabetes tipo 1 subsequente. Diabetes Care 29:2483 - 2488.

■ Lundin, KE. ; Scott, H. ; Hansen, T. ; Paulsen, G. et al., (1993). Células T restritas

HLA-DQ(alfa) 1*0501,beta 1*0201) específicas da gliadina isoladas da mucosa do intestino delgado de pacientes com doença celíaca. J Exp Med 178:187- 196.

■ Lundin, KE. ; Scott, H. ;Fausa, O. Thorsby, E. & Sollid, LM. (1994). As células T da mucosa do intestino delgado de um paciente com doença celíaca DR4, DQ7/DR4, DQ8 reconhecem preferencialmente a gliadina quando apresentada por DQ8. Hum Immunol41:285-291.

■ Madara, JL. & Stafford, J. (1989). O interferão-gama afecta diretamente a função de barreira das monocamadas epiteliais intestinais em cultura. J Clin Invest 83:724-7.

■ Maiuri, L. ; Ciacci, C. ; Ricciardelli, I. et al., (2003). Associação entre a resposta inata à gliadina e a ativação de células T patogénicas na doença celíaca. Lancet 362:30 -7.

■ Maki, M. (1996). Doença celíaca e autoimunidade devido ao desmascaramento de epítopos crípticos? Lancet 348:1046-7.

■ Manavalan, J. ; Hernandez, L. ; Shah, J. ; Konikkara, J. Lee, A. et al., (2010). Elevações de citocinas séricas na doença celíaca: Associação com a apresentação da doença. Human Immunology 71:50 - 57.

■ Marguerite-Jeannin , P. ; Babron, MC. ; Bourgey, M. et al.,(2004). Riscos relativos HLA DQ para a doença celíaca em populações europeias: um estudo do grupo de genética europeia sobre a doença celíaca. Antigénios tecidulares 63:562-7.

■ Marsh, MN.(1992). Glúten, complexo principal de histocompatibilidade e o intestino delgado. Uma abordagem molecular e imunobiológica ao espetro da sensibilidade ao glúten (espru celíaco). Gastroenterologia 102:330-54.

■ Martucci, S. & Corazza, GR. (2002). Disseminação e focalização de epítopos de glúten na doença celíaca. Gastroenterologia 122(7):2072 - 5.

■ Matysiak-Budnik, T. ; Candalh, C. ; Dugave, C. ; Namane, A ; Cellier, C. ; et al., (2003). Alterações do transporte intestinal e processamento de peptídeos de gliadina na doença celíaca. Gastroenterology 125:696-707 .

■ McCord, ML. & Hall, RP. (1994). Anticorpos IgA contra reticulina e endomísio no soro e na secreção gastrointestinal de pacientes com dermatite herpetiforme. Dermatologia

189:60 - 3.

■ Mention, JJ. ; Ben Ahmed, M. ; Bègue, B. ; Barbe, U. ; Verkarre, V. ; Asnafi, V. et al., (2003). Interleucina 15: uma chave para a ostase e Iymphomagenesis na doença celíaca. Gastroenterology 125:730-745.

■ Milling, SW. ; Cousins, L. & MacPherson, GG. (2005). Como é que as DCs interagem com os antigénios intestinais? Trends Immunol 26:349 - 52 .

■ Mizrachi, A. ; Broide, E. ; Buchs, A. ; Kornberg, A. ; Aharoni, D. et al., (2002). Falta de correlação entre a atividade da doença e a diminuição da secreção estimulada de IL-10 em linfócitos de pacientes com doença celíaca. Scand J Gastroenterol 37(8):924 - 930.

■ Molberg, O ; McAdam, SN. ; Lunden, KEA. ; Kristiansen, C. ; Arentz-Hansen, H. ; Kett, K. ; & solid, LM. (2001). As células T da lesão da doença celíaca reconhecem epítopos de gliadina desamidados in situ pela transglutaminase tecidular endógena. Eur J Immunol 31:1317-23.

■ Nilsen, EM. ; Jahnsen, FL. ; Lundin, KEA. ; Johansen, F-E. ; Fausa, O. ; Sollid, LM. et al., (1998). Gluten induces an intestinal cytokine response strongly dominated by interferon-gamma in patients with celiac disease. Gastroenterology 115:551 - 63 .

■ Nilsen, EM. ; Lundin, KE. ; Scott, H. Sollid, LM. ; Krajci, P. & Brandtzaeg, P. (1995). As células T específicas do glúten e restritas ao HLA-DQ da mucosa celíaca produzem citocinas com perfil Th1 ou Th0 dominado pelo interferão gama. Gut 37:766 -776.

■ Niveloni, S.; Sugai, E. ; Cabenne, A. ; Vazquez, H. ; Argonz, J. ; Smecuol, E. ; et al., (2007). Anticorpos contra peptídeos sintéticos de gliadina desamidados como preditores de doença celíaca: avaliação prospetiva em uma população adulta com alta probabilidade pré-teste de doença. Clin Chem 53:2186-927.

■ Nunez, C. ; Alecsandru, D. ; Varade, J. ; Polanco, I. ; Maluenda, C. et al., (2006). Haplótipos de interleucina-IO na doença celíaca na população espanhola. BMC Medical Genetics 7:32.

■ O'Garra, A. & Viera, P. (2007). As células Th1 controlam-se a si próprias produzindo interleucina-10. Nat Rev Immunol 7:425 - 428 .

■ O'Mahony, S. ; Arranz, E. ; Barton, JR. & Ferguson, A. (1991). Dissociação entre a resposta imune humoral sistémica e da mucosa na doença celíaca. Gut 32:29 - 35.

■ Osman, AA. ; Richter, T. ; Stern, M. & Mothes, T. (1996). A distribuição da subclasse IgA de anticorpos contra endomísio e gliadina em soros humanos é diferente. Clin Ata. 255:145 - 52.

■ Parizade, M. ; Bujannover, Y. ; Weiss, B. ; Nachmias, V. & Shain berg, B. (2009). Desempenho dos ensaios serológicos para o diagnóstico da doença celíaca num contexto clínico. Clinical and Vaccine Immunology.1576 - 1582.

■ Penedo-Pita, M. & Peteiro-Cartelle, J. (1991). Aumento dos níveis séricos de interleucina-2 e do recetor solúvel de interleucina-2 na doença celíaca. J Pediatr Gastroenterol Nutr. 12:56 - 60.

■ Picarelli, A. ; di Tola, M. ; Sabbatella, L. ; Mastracchio, A. ; Trecca, A. et al., (2001). Identificação de um novo subgrupo de doença celíaca: anticorpos anti endomisial e anti tissueglutaminase da classe IgG na ausência de deficiência selectiva de IgA. J Intern Med 249:181 - 8.

■ Pietzak, MM. (2005). Acompanhamento de pacientes com doença celíaca: como conseguir a adesão ao tratamento. Gastroenterology. 128:S135 - S141.

■ Pockely, AG. (2003). Heat shock proteins as regulators of the immune response. Lancet. 362:469-476.

■ Pynnonen, P. ; Isometsa, E. ; Aalberg, V. ; Verkasalo, M. & Savilahti, E. (2002). A doença celíaca é prevalente em pacientes psiquiátricos adolescentes? Ata Paediatr 91:657 - 9.

■ Qiao, L. ; Braunstein, J. Golling, M. ; Schurmann, G. Moller, P. et al., (1996). Regulação diferencial da capacidade de resposta das células T humanas por monócitos da mucosa e do sangue. Eur J Immunol. 26:922 - 7.

■ Qiao, SW. ; Bergseng, E. ; Molberg, O. ; Xia, J. ; Khosla, C. et al., (2004). Apresentação de antigénio a células T derivadas de lesão celíaca de um péptido de gliadina de 33 mer formado naturalmente por digestão gastrointestinal. J Immunol 173(3):1757 - 62.

■ Raki, M. ; Tollefsen, S. ; Molberg, O. ; Lundin, KEA, ; Sollid LM. & Jahnsen, FL. (2006). Um subconjunto único de células dendríticas acumula-se na lesão celíaca e ativa eficazmente as células T reactivas ao glúten in vitro. Gastroenterology in press.

■ Raming, R. (2004). Patogénese da infeção intestinal e sistémica por rotavírus. Journal of virology. 10213 - 10220.

■ Rognum, TO. ; kett, K. ; Fausa, O. ; scott, H. ; Kilander, A. et al., (1989). Aumento do número de células produtoras de IgG2 no jejuno em adultos com doença celíaca não tratada em comparação com alergia alimentar. Gut. 30:1574-80 .

■ Rollo, E. ; Kumar, P. ; Reich, C. ; Cohen, J. ; Angel, H. ; Greenberg, R. et al., (1999). A resposta das células epiteliais à infeção por rotavírus . J. Immunol. 163:4442 - 4452.

■ Rostami, K. ; Kerckhaert, J. ; Tiemessen, R. ; von Blomberg, BM. ; Meijer, JW. & Mulder, CJ. (1999). Sensibilidade dos anticorpos antiendomísio e antigliadina na doença celíaca não tratada: dececionante na prática clínica. Am J Gastroenterol. 94:888 - 94.

■ Rostami, K. ; Shahbazkhani, B. & Malekzadeh, R. (2004). Microenteropatia; a entidade do novo milénio. Vista geral do segundo simpósio asiático sobre doença celíaca, 18-21 de outubro, Teerão. RomJ Gastroenterol. 13(1):29 -31.

■ Rostami-Nejad, M. ; Rostami, K. ; Sanaei, M. ; Mohebbi, SR. ; Al- Dulaimi, D. et al., (2010). Rotavírus e autoimunidade celíaca em adultos com sintomas gastrointestinais não específicos. Saudi Medical Journal. 31(8):891 -894.

■ Rostom, A. ; Dube, C. ; Cranney, A. ; Saloojee, N. ; Garritty, C. et al., (2005). A precisão diagnóstica dos testes serológicos para a doença celíaca: uma revisão sistémica. Gastroenterology. 128:538 - 46.

■ Rostom, A. ; Murray, JA. & kagnoff, MF.(2006). Revisão técnica do Instituto da American Gastroenterological Assocition (AGA) sobre o diagnóstico e tratamento da doença celíaca. Gastroenterology. 131:1981 -2002.

■ Rubio-Tapia, A. & Murray, JA. (2007). O fígado na doença celíaca. Ata Paediatr. 95:203-207.

■ Ruggeri, C. ; La Masa, AT. ; Rudi, S. ; Squadrito, G. ; Di PG ; Maimone, S. et al.,

(2008). Doença celíaca e autoanticorpos não específicos de órgãos em pacientes com infeção crónica pelo vírus da hepatite C. Dig Dis Sci 53:2151-5.

■ Rugtveit, J. ; Sollid, LM. ; Fausa, O. ; Scott, H. & Brandtzaeg, P. (1997). Upergulação do CD40 e CD86 em macrófagos da mucosa HLA-DQ+ na doença celíaca. Scand J Immunol. 45:437

■ Rugveit, J. ; Bakka, A. & Brandtzaeg, P. (1997). Distribuição diferencial das moléculas co-estimuladoras B7.1(CD80) e B7.2(CD86) nos subgrupos de macrófagos da mucosa na doença inflamatória intestinal humana (DII). ClinExp Immunol. 110:104-13.

■ Salmaso, C. ; Ocmant, A. ; Pesce, G. ; Altrinetti, V. ; Montagna, P. ; Descalzi, D. et al., (2001). Comparação de ELISA para autoanticorpos de transglutaminase tecidual com anticorpos anti endomísio em pacientes pediátricos e adultos com doença celíaca. Allergy. 56:544 - 7.

■ Sander, HW. ; Magda, P. ; Chin, RL. et al., (2003). Ataxia cerebelar e doença celíaca. Lancet. 362:1548.

■ Sanders, DS. ; Carter, MJ. ; Hurlstone, DP. et al., (2001). Association of adult celiac disease with irritable bowel syndrome: a case-control study in patients fulfiling RO ME II criteria reffered to secondary care. Lancet. 358:1504 - 8.

■ Saravia, M. ; Christensen, JR. ; Veldhoen, M. ; Murphy, TL. et al., (2009). A produção de interleucina-10 por células Th1 requer o fator de transcrição STAT4 induzido pela interleucina-12 e a ativação da ERK MAP quinase por uma dose elevada de antigénio. Immunity. 31:209 - 219 .

■ Sblattero, D. ; Florian, F. ; Azzoni, E. ; Zyla, T. ; Park, M. ; Baldas, V. et al., (2002). A análise da especificidade fina dos anticorpos da doença celíaca utilizando fragmentos de transglutaminase tecidual. Eur. J. Biochem. 269:5175 -5185.

■ Schultz, Cl. & Coffman, RL. (1991). Controlo da mudança de isótipo por células T e citocinas. Curr Opin Immunol. 3:350 - 4.

■ Scott, H. & Brandtzaege, P. (1996). Endomysial antibodies. Amsterdam: Elsevier. 273-44 .

■   Scott, H. ; Nilsen, E. ; Sollid, LM. ; Lundin, KEA. Rugtveit, J. ; Molberg, O. et al., (1997). Imunopatologia da enteropatia sensível ao glúten. Springer Semin Immunopathol. 18:535 - 53 .

■   Scott, H. ; Sollid, LM. ; Fausa, O. ; Brandtzaeg, P. & Thorsby, E. (1987). Expressão dos produtos da sub-região de classe II do complexo de histocompatibilidade principal pelo epitélio jejunal em pacientes com doença celíaca. Scand J Immunol. 26:563 - 71.

■   Seissler, J. ; Wohlrab, C. ; Wuensche, W.A. & Boehm, B.O. (2001). Os auto-anticorpos de pacientes com doença celíaca reconhecem domínios funcionais distintos do auto-antigénio transglutaminase tecidular. Clin. Exp. Immunol. 125:216-221.

■   Stene, LC. ; Honeyman, MC. ; Hoffenberg, EJ. ; Hass, JE. ; Sokol, RJ. Emery, L. et al.,(2006). Frequência da infeção por rotavírus e risco de autoimunidade da doença celíaca na primeira infância: um estudo longitudinal. AMJGastroenterol. 101:2333-40.

■   Stepniak, D. & Koning, F. (2006). Doença celíaca - entre a imunidade inata e a imunidade adaptativa. Hum Immunol 67:460 - 8 .

■   Shan, L.; Molberg, O.; Parrot, I.; Hausch, F.; Filiz, F.; Gray, GM; et al., (2002). Structural basis for gluten intolerance in celiac sprue, science. 297:2257-9.

■   Shoul, R. & Lerner, A. (2007). Autoanticorpos associados na doença celíaca. Autoimmunity Reviews. 6:559 - 565 .

■   Sollid, L. & Jabri, B. (2005). A doença celíaca é uma doença autoimune? Opinião atual em imunologia. 17:595 - 600.

■   Sollid, LM. ; Molberg, O. ; McAdam, S. & Lundin, KE. (1997). Autoanticorpos na doença celíaca: culpa da tranglutaminase tecidular por associação? Gut 41(6)851 - 2 .

■   Sorlie, DE. (1995). "Bioestatística médica e epidemiologia": Examination and Board review. Primeira edição, Norwalk, Connecticut, Appleton and Lange. 47 - 88.

■   Sturgess, R. ; Day, P. ; Ellis, HJ. ; Lundin, KE. ; Gjertsen, HA. ; Kontakou, M. et al., (1994). Wheat peptide challenge in celiac disease. Lancet. 343:758-761.

■   Sturgess, RP. ; Macarteny, JC. ; Makgoba, MW. ; Hung, CH. et al., (1990).

Upergulação diferencial da molécula de adesão intracelular-1 na doença celíaca. Clin Exp Immunol. 82:489 - 92.

■ Sulkanen, S. ; Halttunen, T. ; Laurila, K. ; Kolho, KL. ; Korponay-Szabo, IR. et al., (1998). Tissue transglutaminase autoantibody enzyme linked immunosorbent assay in detection celiac disease. Gastroenterology. 115:1322 -8.

■ Tesei, N. ; Sugai, E. ; Vazquez, H. ; Smecuol, E. ; Niveloni, S. ; Mazure, R. et al., (2003). Os anticorpos contra a transglutaminase tecidular recombinante humana podem detetar pacientes com doença celíaca não diagnosticados por anticorpos endomisiais. Aliment Pharmacol Ther. 17:1415-23.

■ Ting, JP. & Trowsdale, J. (2002). Controlo genético da expressão do MHC de classe II. Cell. 109:821 -33.

■ Troncone, R. ; Auricchio, R. ; Paparo, F. ; Maglio, M. ; Borrelli, M. & Esposito, C. (2004). Doença celíaca e autoimunidade extra-intestinal. J Pediatr Gastroenterol Nutr. 39(Suppl3):S740 - 1.

■ Troncone, R. ; Ivarsson, A. ; Szajewska, H. & Mearins, M.L. (2008). Artigo de revisão: investigação futura sobre a doença celíaca - um relatório de posição da plataforma europeia multistakeholder sobre a doença celíaca (CDEUSSA). AlimentPharmacol Ther. 27,1030 - 1043.

■ Tsuji, NM. ; Mizumachi, K. & Kurisaki, J. (2001). Interleukin -10 screting Peyer's patch cells are responsible for active suppression in low-dose oral tolerance. Immunology. 103:458 - 464 .

■ Tsushima, F. ; Tanaka, K. ; Otsuki, N. ; Youngnak, H. ; Omura, M. et al., (2006). A expressão predominante de B7-H1 e o seu papel imunoregulador no carcinoma espinocelular oral. Oral oncol. 42:268 - 274.

■ Vader, LW. ; de Ru, A. ; van Der, WY. ; Kooy, YM. ; Benckhuijsen, W. et al., (2002). Specificityof tissue

A transglutaminase explica a toxicidade dos cereais na doença celíaca. J Exp Med. 195:643 -649.

■ Vader, W. ; Stepniak, D. ; Kooy, Y. ; Mearin, L. ; Thompson, A. ; vanRood, JJ. et al., (2003). O efeito de dose do gene HLA -DQ2 na doença celíaca está diretamente relacionado com a magnitude e amplitude da resposta das células T específicas do glúten. Proc Natl Acad USA. 100(21):12390 -5.

■ Van meensel, B. ; Hiele, M. ; Hoffman, S. ; Vermeire, P. ; Rutgeerts, K. & Bossuyt, X. (2004). Exatidão do diagnóstico de dez ensaios de anticorpos de transglutaminase tecidular de segunda geração (humana) na doença celíaca. Clin. Chem. 50: 2125 - 2135.

■ Verdu, EF. ; Mauro, M. ; Bourgeois, J. & Armstrong, D. (2007). Clínica da doença celíaca após um episódio de enterite por Campylobacter jejuni. Can J Gastroenterol. 21:453 - 5.

■ Villata, D. ; Alessio, M.G. ; Tampoia, M. ; Tonutti, E. ; Brusca, I. et al., (2007). Teste de anticorpos da classe IgG em pacientes com doença celíaca com deficiência selectiva de IgA. Uma comparação da exatidão diagnóstica dos ensaios de anticorpos 9IgG anti-tissue tranglutaminase,1 IgG anti-Gliadina e IIgG anti-péptido de gliadina desaminado. Clin. Chim. Ata. 382:95-99.

■ Viney, JL. ; Mowat, AM. ; O'Malley, JM. ; Fanger, NA. & Williamson, E. (1998). A expansão de células dendríticas in vivo aumenta a indução de tolerância oral. J immunol. 160:5815 - 25.

■ Vojdani, A. ; O'brryan, T. & Kellermann, G.H. (2008). A imunologia da reação de hipersensibilidade imediata e retardada ao glúten. EuropeanJournal of Inflammation. 6:1 - 10.

■ Volta, U. ; Granito, A. ; Fiorini, E. ; Parisi, C. ; Piscaglia, M. ; Pappas, G. ; et al.,(2008). Utilidade dos anticorpos contra peptídeos de gliadina desamidados no diagnóstico e acompanhamento da doença celíaca. Dig Dis Sci junho;53(6):1582-8.

■	Wapenaar, MC. ; van Belzen, MJ. ; Fransen, JH. ; Sarasqueta, A. ; Houwen, RHJ. et al., (2004). O gene do interferão gama na doença celíaca: a expressão aumentada correlaciona-se com o dano tecidular, mas não com a evidência de suscetibilidade genética. J Autoimmunity 23:183 - 190.

■	Wierink, CD. ; Van Diermen, DE. ; Aartmn, IH. & Heymans, HS. (2007). Defeitos do esmalte dentário em crianças com doença celíaca. Int J PaediatrDent. 17:163-168.

■	Williamson, S. ; Faulkner-Jones, BE. ; Cram, DS. Furness, JB. Harrison, LC. et al., (1995). Transcrição e tradução de dois genes de glutamato descarboxilase no íleo de rato, camundongo e cobaia. J. Auuton. Nerv. Syst. 55,18 - 28.

■	Woodward, J. (2010). Doença celíaca. Medicina. 39:3

■	Zanoni, G. ; Navone, R. ; Lunardi, C. ; Tridente, G. ; Bason, C. ; Sivori, S. et al.,(2006). Na doença celíaca, um subconjunto de autoanticorpos contra a transglutaminase liga-se ao recetor 4 do tipo toll e induz a ativação de monócitos. PloS Medicine. 9:1637-1653.

تقييم المعالم المناعية في مرضى حساسية الحنطة

رساله مقدمه الى
مجلس كلية الطب ـ جامعة هولير الطبية كجزء
من متطلبات نيل شهادة الماجستير في
علم الاحياء المجهرية

من قبل
الطالب زيد نبيل أيليا

B. Sc. In Microbiology

بإشراف
أستاذ مساعد

د. سعيد غلام حسين

B.Veterinary Medicine

M.Sc. Microbiology / Immunology

٢٧١2 ك   ١٤٣٤ ه   ٢٠١٣ م

<u>الخلاصة</u>

مرض حساسية الحنطه(CD) هو متلازمة سوء الامتصاص المناعي والذي يحدث عادة في الاشخاص الذين هم حساسين وراثيا لبروتين الحنطه (Gluten). وبالرغم من أن مرض حساسية الحنطه يعتبر أبتداءا أحد أمراض القناة المعديه المعويه الا أنه يعتبر أيضا أحد المظاهر الجهازيه الواسعة النطاق. أجريت هذه الدراسه للتعرف على طبيعة ودور مستوى بعض السايتوكاينات التي تلعب دورا في فسلجة المرض .

أجريت الدراسه للفتره من شهر شباط الى شهر تشرين الاول من عام ٢٠١٢. تم جمع أمصال الدم من المرضى المتوقع أصابتهم بمرض حساسية الحنطه أستنادا الى العلامات السريريه الاساسيه للمرض ، بعد ذلك خضعوا الى أختبارات مصليه مؤكده للتحري عن وجود وجود أضداد IgG & IgA ضد (EMA I.U/ml.) & (tTG I.U/ml.) وأن الامصال الموجبه ذات المستوى الاعلى من الحد الطبيعي للاضداد أجريت لها أختبارات للتحري عن مستوى أضداد بعض المعالم المناعيه خاصة الانترفيرون كاما (IFN– γ I.U/ml.) الانترلوكيين ١٠ (IL–10 Pg/ml.) والتحري عن الكلوتاميك أسيد ديكاربوكسيليس .Anti– GAD (IgG) I.U/ml و Anti–Rotavirus (IgG) I.U/ml.

شملت الدراسه (٥٠) مريض مصابين بداء الحنطه مشخصين حديثا(N.D) و(٢٠) مريض مشخصين سابقا (GFD) وتحت نظام تغذيه خالي من الكلوتين وأضافه الى (٢٠) شخص طبيعين غير مصابين بداء الحنطه أستعملوا كمجموعة سيطره (Control) .

أظهرت نتائج الدراسه أن (15.1%) 50 مصل من مجموع 330 مصل فقط أعطوا نتيجه مصليه موجبه لاختباري EMA – IgA & Anti-tTG (IgA) I.U/ml. أن نسب المرضى التي أظهرت نتيجه مصليه موجبه تتراوح بين ٢٠١.U/ml. – ٢٩ لاختبارات Anti – tTG- IgA & EMA– IgA كانت 36% و ٣٤% على التوالي .

لوحظ وجود نقصان معنوي في معدل تركيز (IgA) –EMA & .Anti-tTG (IgA) I.U/ml في أمصال مرضى ذوي الغذاء الخالي من الكلوتين مقارنة مع معدل تركيزه في أمصال مرضى الحاوي غذائهم على الكلوتين.

أظهرت نتائج الدراسه وجود زياده معنويه في معدل تركيز الانتر فيرون كاما والانترلوكين ١٠ في امصال المرضى المشخصيين حديثا والمرضى المشخصيين قديما والممتنعين عن أكل الكلوتين مقارنة بمعدل تركيزهما في أمصال مجموعة السيطره. بينت نتيجة الدراسه عدم وجود فروقات معنويه في معدل تركيز الانترفيرون كاما والانترلوكيين ١٠ أعتمادا على الاعراض السريريه ومدة المرض عدا معدل تركيز الانترلوكيين ١٠ في مصل المرضى الممتنعيين عن أكل الكلوتين وبمده مابين ٣ أو أكثر من ٣ سنوات .

أن تكرارات النتائج المصليه الموجبه ضد كلوتاميك أسيد ديكاربوكسيليس .I.U/ml (anti – GAD IgG) في مرضى حساسية الحنطه سواء المشخصين حديثا وسابقا كانت 14% و 10% على التوالي. أن أضداد كلوتاميك أسيد ديكاربوكسيليس تعتبركمعلم خطوره مستقبلي للاصابه بالنوع الاول لداء السكر المعتمد على الانسولين T1DM.

أظهرت الدراسه أن تكرارات النتائج المصليه الموجبه ضد فايروس Rotavirus .IgG I.U/ml – في أمصال المرضى المشخصين حديثا وسابقا   22% و 10 % على التوالي . حيث يعتقد أن rotavirus تلعب دور في مهم في حدوث مرض CD من خلال المستضد المشارك (Antigenic mimicry) وجود علاقه بمستوى معنويه (P < 0.02) بين معدل تركيز أضداد tTG – IgA ومعدل تركيز انترلوكين ١٠ في أمصال المرضى المشخصين حديثا.

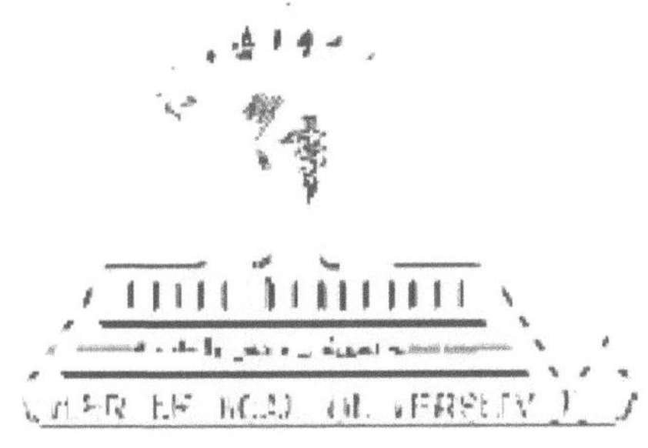

دیاری کردنی پێوەرێکی بەرگری لە نەخۆشەکانی تووشبوو بە نەخۆشی سیلیاك

نامەیەکە پێشکەش کراوە بە ئەنجومەنی کۆلێژی پزیشکی لە زانکۆی هەولێری پزیشکی وەک بەشێک لە پێداویستیەکانی بەدەست هێنانی بروانامەی ماستەر لە بواری زیندەوەرە وردبینەکانی پزیشکی

لە لایەن

زید نبیل أیلیا

B. Sc. In Microbiology

بەسەرپەرشتی

پرۆفیسۆری یاریدەدەر

د. سعید غلام حسین

B. Veterinary Medicine

M.Sc. Microbiology / Immunology

<table>
<tr><td>٢٠١٣ م</td><td>١٤٣٤ ه</td><td>٢٧١2 ك</td></tr>
</table>

پوختە

نەخۆشی سیلیاك جۆرە نەخۆشیەکی بەرگری یە تیایدا گرفتی مژینی خۆراك ھەیە، ئەمەش ڕوودەدات لەوکەسانەی بەشێوەیەکی بۆ ماوەیی ھەستیارن بەرامبەر بە خۆراکی گلوتین. وەھەروەھا بەنەخۆشیەکی گەدەو ڕیخۆلەی سەرەتایی دادەنرێت. ئەم نەخۆشیە ناسراوە بەوەی گرفتی کلینیکی بلاوی بەسەر ھەموو لەشدا ھەیە.

بۆیە ئێمە ھەوڵمان دا بەدیاری کردنی کاریگەری و سروشتی ئاستی ھەندێك لە سایتۆکاینی سیستیماتیك کە لەوانەیە ڕۆڵی گرنك ببینێت لە میکانیزمی نە خۆشی فیسیۆلۆجیای ئەم جۆرە نەخۆشیە.

ئەم لێکۆڵینەوە ئەنجام دراوە لە ماوەی نێوان شوباتی ٢٠١٢ تاوەکو تشرینی یەکەمی ٢٠١٢. سیرەم کۆکرایەوە بۆ ئەو نەخۆشانەی کە گومانی نەخۆشی (CD) یان لێدەکرا و پاشان پشکنینی چەخت کردنەویان بۆ ئەنجامدرا جۆری IgA و IgG دژی ئەنزیمی Tissue Transglutaminase (tTG I.U/ml.) و دژەتەنی Endomysial Antibody (EMA I.U/ml.).

ئەو سیرەمانەی کە ئەنجامی پۆزەتیڤیان دا لە پشکنینی دژەتەنی خۆیی EMA - IgA وا ئەنجامی زیاتریان دا لە ئاستی cut off ئەوا پشکنینی دیاری کردنی ئاستی سایتۆکاینەکانیان بۆ کرا کە بریتی بوون لە (I.U/ml.) γ - IFN و (Pg/ml.) IL – 10 و پشکنینی ڕیژەی anti – rota virus IgG (I.U/ml.) و anti - GAD IgG (I.U/ml.).

تویژینەوە پێکھاتبوو لە (٥٠) حالەتی نوێ ی دەستنیشانکراوی CD و ئە نەخۆشانەی کە لەسەر خواردنی بێ گلوتینن GFD و (٢٠) کەسیان ساغ بوو و لەسەر خۆراکی سروشتی دانران.

ئەنجامەکانی ئەم لێکۆڵینەوەیە دیاری دەخات کە ڕیژەی پۆزەتیڤی anti – tTG IgA و EMA IgA بریتی بوو لە ١٥.١% لەمکۆی سیرەمی (٣٣٠) کەسی گومان لێکراو بە CD کە پشکنینیان بۆ کرابوو. بەڵام ئەنجامی EMA - IgG و anti – tTG IgG ھەموویان لە ژێر ئاستی cut off بوون. بەرزترین ڕیژەی سەدی بلاو بوونەوەی – anti tTG IgA و EMA IgA بینرا لە پەیتی (٢٩-٢٠١.U/ml) ی سیرەم (٣٦% و ٣٤%ی پۆزەتیڤ).

دابەزینیکی بەرچاو (P< 0.01) بینرا لەنیوان پەیتی anti – tTG IgA و EMA IgA - لە نیوان حالەتەکانی CD تازە دەستنیشان کراو و حالەتی GFD تێکڕای پەیتی γ - IFN و IL - 10 بەشێوەیەکی بەرچاو زیاتر بوو (P< 0.01) لەنیوان حالەتی CD تازە دەستنیشانکراو و GFD لەگەڵ کۆنترۆڕل.

پێیتی سیرمم بۆ γ - IFN و 10 - IL هیچ جیاوازیەکی بەرچاوی بەدی نەکرد لەنێوان گرووپەکان دەربارەی شێوەی نیشانە کلینیەکەکان یان ماوەی نەخۆشیەکە (0.05 >P) تەنها بۆ 10 – IL نەبێت کە لە فاکتەری تەمەن جیاوازی بەدی کرد (≥٣ ساڵ و ٣ < ساڵ لە . (P< 0.03 GFD

ڕێژەی Anti – GAD IgG لەنێوان CD تازە دەستنیشانکراو لەگەڵ GFD وەکو دیاریکەریکی داهاتووی   TIDM بریتی بوو لە ١٤% و ١٠% یەک لەدوای یەک.

ڕێژەی پۆزەتیڤی Anti – Rota Virus IgG بریتی بوو لە ٢٢% و ١٠% لەنێوان CD تازە دەستنیشانکراو و GFD چونکە ڤایرۆسی rota لەوانەیە ڕۆڵی هەبێت لەنەخۆشی سیلیاك لەبەر ئەو لێکچونەی کە Ag ی ئەو ڤایرۆسەی هەیەتی لەگەڵ Ag ئەم ڤایرۆسە.

پەیوەندیەکی بەرچاو بەدی کرا (0.01 >P) لەنێوان Anti tTG IgA و 10 – IL CD تازە دەستنیشانکراو و GFD.

Printed by Books on Demand GmbH, Norderstedt / Germany